高等职业教育土木建筑类专业教材

工程测量综合实训

（内附习题集）

主　编　杨　晶
副主编　陈　晨　张丽军
　　　　张　薇　万虹麟
主　审　高永芹

北京理工大学出版社
BEIJING INSTITUTE OF TECHNOLOGY PRESS

内 容 提 要

本书根据高职高专院校工程测量专业教学大纲的要求进行编写。全书分为三部分，主要包括测量实验指导书、测量集中实训指导书和工程测量习题等内容。

本书可作为高职高专院校工程测量课程的配套教材，也可作为相关工程施工技术人员的学习参考书。

图书在版编目（CIP）数据

工程测量综合实训／杨晶主编.—北京：北京理工大学出版社，2017.8（2024.9重印）
ISBN 978-7-5682-3977-6

Ⅰ.①工…　Ⅱ.①杨…　Ⅲ.①工程测量—高等学校—教材　Ⅳ.①TB22

中国版本图书馆CIP数据核字(2017)第086893号

责任编辑：钟　博　　　　　文案编辑：钟　博
责任校对：周瑞红　　　　　责任印制：边心超

出版发行／北京理工大学出版社有限责任公司
社　　　址／北京市丰台区四合庄路6号
邮　　　编／100070
电　　　话／（010）68914026（教材售后服务热线）
　　　　　　（010）63726648（课件资源服务热线）
网　　　址／http://www.bitpress.com.cn
版 印 次／2024年9月第1版第3次印刷
印　　　刷／河北世纪兴旺印刷有限公司
开　　　本／787 mm×1092 mm　1/16
印　　　张／11
字　　　数／266千字
定　　　价／39.00元

本书根据高职高专院校专业培养及教学要求，并结合各行业工程测量的特点进行编写。本书可作为高职高专院校工程测量专业的测量课程配套教材，也可作为相关工程技术人员的参考用书。

全书由测量实验指导书、测量集中实训指导书和工程测量习题三部分构成。习题与实验是学生学习巩固测量课程的重要环节，通过习题和实验可加强学生对教材的理解和掌握，实验部分在传统实验的基础上添加了新仪器使用的内容。实训环节注重培养学生综合实践的能力及测量工作的组织协调能力。本书内容丰富，语言简练，便于教师组织教学和学生自学，且有助于提高学生的实践能力。

本书由河北水利电力学院杨晶担任主编，由河北水利电力学院陈晨、张丽军、张薇、万虹麟担任副主编。具体编写分工为：第二部分测量集中实训指导书及各部分规则、须知、注意事项、附录由杨晶编写；第三部分工程测量习题的第4、9、13章和第一部分测量实验指导书的实验七、八、十七和十八由陈晨编写；第三部分工程测量习题的第2、6、11章和第一部分测量实验指导书的实验三、四、十二和十三由张丽军编写；第三部分工程测量习题的第1、5、10章和第一部分测量实验指导书的实验一、二、九、十和十一由张薇编写；第三部分工程测量习题的第3、7、8、12章和第一部分测量实验指导书的实验五、六、十四、十五和十六由万虹麟编写。全书由杨晶统稿，由河北水利电力学院高永芹主审。

由于编者水平有限，书中难免存在不妥之处，希望各位读者在使用过程中，多提宝贵意见，以便于今后的修订和完善。

编　者

CONTENTS

目 录

第一部分
测量实验指导书

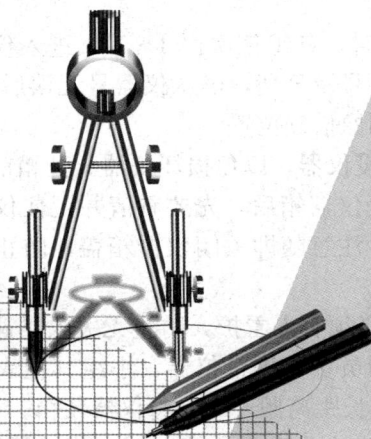

实验须知

一、测量实验的规定和要求

（1）学生在测量实验课之前，必须复习教材中的相关内容，认真预习测量实验指导书，了解本次实验的内容、方法及注意事项，提高实验课的效率。

（2）实验分小组进行，组长负责组织协调工作，办理实验仪器工具的借领和归还手续，并按要求到仪器室进行仪器的借用。

（3）实验应在规定的时间和地点进行，不得无故缺席，不得迟到、早退，不得擅自改变实验地点或离开现场。

（4）遵守"测量仪器工具的借用与使用规则"，在实验过程中或结束时，如发现仪器工具有损坏或遗失的情况，应立即报告教师，并查明原因，根据具体情况进行赔偿或处理。

（5）记录计算时，必须严格遵守"测量记录与计算规则"，应客观、诚实，绝对禁止为完成任务而凑数、改数及伪造数据。

（6）每次实验，应分工明确，团结协作，充分利用学时，在规定的课时内，取得合格的成果，并提交工整、规范的实验报告或记录。报告或记录经指导教师审阅同意后，方可结束工作，并上交仪器工具。

（7）严格按照规定的方法操作仪器，通过训练掌握仪器操作的基本技能及基本方法，为日后正确使用测绘仪器及进行测量作业打下良好的基础。

（8）在实验中，注意安全的同时应遵守纪律，爱护实验场地的花草树木和农作物，爱护各种公共设施，若损坏实验物品或设施应按规定予以赔偿。

二、测量仪器、工具的使用规则

（1）学生依教学计划借用、借领仪器时，各组依次由1～2人进入仪器室，在指定地点查看工具，然后在登记表上填写班级、组号及日期，确认仪器号无误后，在登记表上签字，方可将仪器带出仪器室，归还时也要放到原借领位置。

（2）未经教师布置讲解，不得擅自架设仪器，以免损坏仪器。开箱前应将仪器箱放在平稳处，严禁托在手上或抱在怀里开箱。开仪器箱后，先要看清并记住仪器在箱中的安放位置，避免以后装箱困难。装好仪器之后，注意随即关闭仪器箱盖，防止灰尘和湿气进入箱内，严禁坐在仪器箱和其他测量设备上。

（3）仪器安置之后，不论是否操作，必须有人看护，防止无关人员碰动或车辆碰撞，严禁任何人在仪器附近打闹。搬迁时，观测员负责携带仪器，小组其他人员负责清点仪器附件、工具及其他测站物品，并携带搬迁。长距离搬迁时应将仪器装箱。

（4）仪器装箱时，应使其就位正确，确认放妥后盖箱上锁。若试关箱盖时合不上箱口，说明仪器放置不正确，应重放，切不可强压箱盖，以免损坏仪器。

（5）钢尺应防止扭曲、打折，防止人踩和车轧，避免尺身着水；携尺前进时，应将尺身提起，不得沿地面拖行，以免磨损刻划。皮尺应均匀用力拉伸，避免着水、车压。各种标尺、花杆的使用，应注意防水、防潮，防止受横向压力，不能磨损尺面刻划和漆皮，不用时应安放稳妥，切忌靠在树上、墙上，以防摔倒，不得作棍棒使用。测图板应注意保护板面，不得乱写乱扎，不得受潮及施以重压。小件工具如垂球、测钎、尺垫等，应用完即收，防止遗失。

(6)实验过程中，各小组应妥善保管好仪器工具，各组间不得擅自调换仪器工具。实验完毕后，应清点仪器和工具，防止遗失，再将仪器归还到仪器室，由于归还时间集中，两天内(未再次借出)清查，有问题方可算本次责任。

三、测量记录与计算规则

(1)测量手簿是外业观测成果的记录和内业数据处理的依据。在测量手簿上记录或计算时，必须严肃认真、一丝不苟。

(2)记录观测数据之前，应将表头的仪器型号、编号、日期、天气、测站、观测者及记录者姓名等无一遗漏地填写齐全。

(3)观测者读数后，记录者应立即复诵回报作为检核，并随即在测量手簿上的相应栏内填写，不得另纸记录事后转抄。

(4)记录时要求字体端正清晰，数位对齐，数字齐全。表示精度或占位的"0"(例如，水准尺读数"1.500"，度盘读数"93°04′00″"中的"0")均不能省略。

(5)观测数据的尾数不得更改，读错、记错后必须重测、重记，例如，角度测量时，秒级数字出错，则应重测该测回；水准测量时，毫米级数字出错，应重测该测站。

(6)观测数据的前几位出错时，自左下至右上用细线划去错误的数字(保持原数字清晰可辨)，并在原数字上方写出正确数字。不得涂擦已记录的数据，不得描改已写好的数据。

(7)随着观测读数，必须即时完成相应的计算和检核；待测站观测结束，当场完成测站的计算和检核。不得只记不算、测站测完后再算或事后补算。

(8)测量计算数据的舍入，按"4舍6入，遇5奇进偶不进"规则。

(9)应该保持测量手簿的整洁，严禁在手簿上书写无关的内容，记录手簿不应缺页，更不得丢失。

水准仪的认识和使用

一、目的与要求

(1)了解水准仪的基本构造和性能。

(2)练习水准仪的安置、瞄准、读数和高差计算。

(3)了解自动安平水准仪的使用方法。

二、设备、人员、学时

(1)设备：每组1台DS3水准仪(附脚架)，实验班合用水准尺若干根，记录表格。

(2)人员：每组2人，每人轮流操作仪器和记录。

(3)学时：2学时。

三、内容与方法

(一)认识DS3水准仪

观察DS3水准仪的外形及各部件，熟悉各个部件的名称和作用，如图1-1所示。

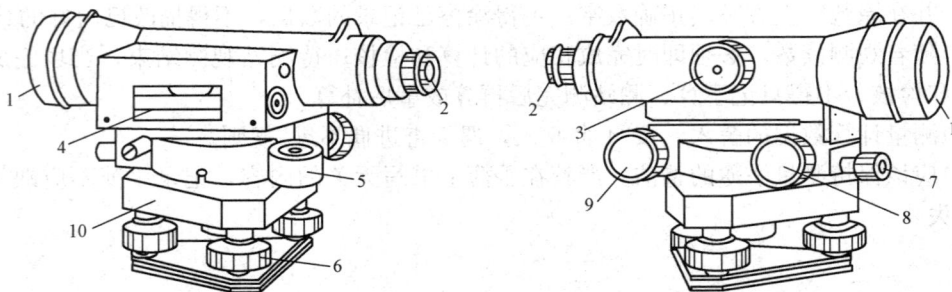

图1-1 水准仪的构造

1—物镜；2—目镜；3—调焦螺旋；4—管水准器；5—圆水准器；6—脚螺旋；
7—制动螺旋；8—微动螺旋；9—微倾螺旋；10—基座

(二)水准仪的使用

1. 安置

(1)水准仪所安置的地点称为测站。在测站上松开脚架伸缩螺旋，按需要调整架腿长度，将螺旋拧紧。安放三脚架时，使三脚架架头大致水平，把三脚架的脚尖踩入土中。

(2)把水准仪从箱中取出，放到三脚架架头上，一手握住仪器，一手将三脚架架头的连接螺旋旋入仪器基座内，用力均匀地拧紧，连接牢固方可松手。

2. 粗平

(1)操作者双手各执一只脚螺旋(第三只脚螺旋居于操作者正前方)。双手同时内向(或外向)旋转脚螺旋。此时圆水准器中的气泡在左右方向移动,移动方向与左手拇指移动脚螺旋的方向一致。保持此操作至气泡移至两脚螺旋连线方向的中点。

(2)以左手旋转第三只脚螺旋,气泡移动的方向与左手拇指的运动方向一致。

(3)若气泡仍有偏离,应重复上面的操作至气泡居中。

3. 瞄准

(1)将望远镜对准明亮背景,进行目镜调焦,使十字丝最清晰。

(2)松开水平制动螺旋,转动望远镜,通过望远镜上的粗瞄器初步瞄准水准尺,旋紧制动螺旋。

(3)进行物镜调焦,使水准尺分划十分清晰。

(4)转动微动螺旋,使水准尺影像的一侧靠近十字丝竖丝(以便于检查水准尺是否竖直);眼睛略作上下移动,检查十字丝与水准尺分划像之间是否有相对移动(视差),如果存在视差,则重新进行目镜调焦与物镜调焦,以消除视差。

4. 精平

转动微倾螺旋,从目镜旁的气泡观察镜中,可以看到气泡两个半边的像,当两端的像符合时,水准管气泡居中,从而使水准仪的视线水平,这是水准测量中关键的一步。

5. 读数

尺上数字以米为单位,最小刻度一般为 1 cm,估读到毫米。以十字丝横丝读数时,读取横丝切准的分划读数,读数取四位,米位、分米位、厘米位读尺上注记,毫米位估读。

本实验任务要求练习三丝读数,做到正确且熟练,将读数记入表 1-1 中。

四、限差及规定

水准尺最小刻度为 1 cm,读数时要估读到毫米位。

五、实验注意事项

(1)在仪器操作过程中,动作要轻而平稳,不可用力过猛或过快,以免对仪器造成伤害。

(2)在视差消除过程中,目镜调焦看十字丝和物镜调焦看物像时,不要使眼睛紧张,而要始终放松,使眼睛本身不作调焦。为做到这一点,除放松外,在观测时,另一只眼睛也要睁开且放松。检查有无视差时,眼睛上、下、左、右移动的距离不宜大于 0.5 mm,否则会因观察物象不清楚产生错觉。

(3)从水准尺上读数必须为四位数:米、分米、厘米、毫米。不到一米的读数,用 0 补齐,一般以米或毫米为单位。

(4)记录和计算过程,表格中数据不可用橡皮擦。

表 1-1　水准测量读数练习表

仪　器＿＿＿＿＿＿　　　　　天　气＿＿＿＿＿＿　　　　　日　期＿＿＿＿＿＿

观测者＿＿＿＿＿＿　　　　　记录者＿＿＿＿＿＿　　　　　检核员＿＿＿＿＿＿

测站	点号	水准尺读数		
		上丝	中丝	下丝

教师批阅意见：

成绩：　　　　　　　　　　　　日期：

普通水准路线测量

一、目的与要求

(1)进一步熟练水准仪的使用,练习普通水准路线测量。

(2)掌握测站与转点的正确选择及水准尺的扶尺方法。

(3)掌握普通水准测量中每个测站的观测、记录及计算的方法。

二、设备、人员、学时

(1)设备:每组1台DS3水准仪、1个脚架、1副水准尺、2个尺垫、1把测伞及铅笔、计算器等。

(2)人员:以小组为单位,每小组4人,其中1人观测,1人记录计算,2人扶尺。

(3)学时:2学时。

三、内容与方法

(一)普通闭合水准路线的施测

(1)从实验场地的某一水准点出发,选定一条闭合水准路线,路线长度以设置4~8个测站为宜,视线长度以20~30 m为宜。立尺点可以选择有凸出点的固定地物或安放尺垫。

(2)在起始点与第一个立尺点中间(目估使前后视距大致相等)安置水准仪,观测者按下列顺序观测:

1)后视立于起始点上的水准尺,瞄准、精平、读数。

2)前视立于第一点上的水准尺,瞄准、精平、读数。

(3)观测者的每次读数,记录者应当场记入记录表;后视读数、前视读数读完后,应当场计算高差,记于记录表格相应栏内,并作测站检核。

(4)依次设站,用相同的方法进行观测,直至回到起始的水准点。

(二)水准测量的成果检核

(1)全路线施测完毕后作路线检核,计算高差之和 $\sum h_{测}$,闭合路线的闭合差 $f_h = \sum h_{测}$。判断 f_h 是否小于 $f_{h容} = 12\sqrt{n}$ (mm)(n 为路线总的测站数)或 $\pm 40\sqrt{L}$ (mm)(L 为闭合路线的长度,单位为km)。若不满足要求,需要重测。

(2)计算前视读数之和 $\sum a_i$ 与后视读数之和 $\sum b_i$ 的差值,即 $\sum a_i - \sum b_i$ 是否等于 $\sum h_{测}$。

四、限差及规定

(1)普通水准路线测量的高差、闭合差应小于 $f_{h容} = 12\sqrt{n}$ (mm)(n 为路线总的测站数)

或 $\pm 40\sqrt{L}$（mm）（L 为闭合路线的长度，单位为 km）。

五、实验注意事项

(1)当水准仪瞄准、读数时，水准尺必须立直，观测者可以发觉尺子的左右倾斜，但尺子的前后俯仰则不易发觉，立尺者应注意。

(2)测站上核对无误后，方可搬站；仪器未搬迁时，前、后视尺和尺垫均不能移动；仪器搬站后，后视尺员方能携尺和尺垫前进，前视立尺点的尺垫仍不能移动，只将尺面转向，由前视变为后视。起始点上不能垫尺垫。

(3)搬站时，观测者应将仪器安置于适当位置（目估选定新的前视立尺点点位，使前、后视距大致相等）。

(4)外业数据应当场记入表格，并完成计算（表 1-2），判断数据是否符合要求，以便确定是否需要重测。

表 1-2　普通水准测量记录表

仪　器_____　　　　天　气_____　　　　日　期_____
观测者_____　　　　记录者_____　　　　检核员_____

测站	测点	水准尺读数		高差 h/m	高程 H/m	备注
		后视	前视			
	$\sum$	$\sum_{后}=$	$\sum_{前}=$	$\sum_{h}=$		
		$\sum_{后}-\sum_{前}=$				

教师批阅意见：

成绩：　　　　　　　　　　日期：

实验三 四等水准路线测量

一、目的与要求

(1)进一步熟悉 DS3 光学水准仪的使用方法。

(2)掌握四等水准测量的观测程序、记录和计算方法。

(3)掌握四等水准测量的各项限差规定。

二、设备、人员、学时

(1)设备：DS3 光学水准仪 1 台、双面水准尺 1 对、三脚架 1 个。

(2)人员：4 人一组。轮流分工为：1 人操作仪器，1 人记录计算，2 人立水准尺。

(3)学时：2 学时。

三、内容与方法

1. 选定水准路线

一条闭合水准路线，其长度以安置 8 个测站为宜。用木桩标定待测点地面标志。

2. 观测程序

在起点与第一个立尺点之间设站，安置好水准仪之后。按照以下顺序观测：

(1)后视水准尺黑面，读取上、下丝和中丝读数，记入表 1-3 中的(1)、(2)和(3)；

(2)前视水准尺黑面，读取上、下丝和中丝读数，记入表 1-3 中的(4)、(5)和(6)；

(3)前视水准尺红面，读取中丝读数，记入表 1-3 中的(7)；

(4)后视水准尺红面，读取中丝读数，记入表 1-3 中的(8)。

3. 测站计算与检核

(1)视距计算与检核。根据前、后视的上、下丝读数计算前、后视的距离。

后视距离：$(9)=100\times[(1)-(2)]$；

前视距离：$(10)=100\times[(4)-(5)]$；

计算前、后视距差：$(11)=(9)-(10)$；

计算前、后视距累积差：$(12)=$上站$(12)+$本站(11)。

(2)黑、红面读数差检核。黑、红面读数差的计算公式为：

后尺黑、红面读数差$(13)=(6)+K_i-(7)$；

前尺黑、红面读数差$(14)=(3)+K_i-(8)$。

K_i 为双面水准尺的红面分划与黑面分划的零点差(A 尺：$K_1=4\ 687$ mm；B 尺：$K_2=4\ 787$ mm)。

(3)高差计算与检核。根据前、后视水准尺，黑、红面中丝读数分别计算该站高差：

黑面高差：$(15)=(3)-(6)$；

红面高差：(16)＝(8)－(7)；

红、黑面高差之差：(17)＝(14)－(13)。

黑、红面高差之差在容许范围内时，取其平均值作为该站的观测高差：

(18)＝[(15)＋(16)±100 mm]/2。

上式计算时，当(15)＞(16)时，100 mm 内取正号计算；当(15)＜(16)时，100 mm 内取负号计算。

经计算，外业数据合格以后，依次设站，以同样的方法施测其他各站。

4. 四等水准测量的成果整理

检验闭合水准路线的高差、闭合差是否在允许范围之内，如果合格，则线路的高差、闭合差需反符号按测段长成正比例分配。四等水准测量记录表见表1-3。

表 1-3　四等水准测量记录表

测站编号	测点编号	后尺 上丝 / 下丝 后视距离/m / 视距差/m	前尺 上丝 / 下丝 前视距离/m / 累积差/m	方向及尺号	中丝读数		K+黑一红 /mm	高差中数 /m	备注
					黑面/m	红面/m			
		(1)	(4)	后	(3)	(8)	(13)		
		(2)	(5)	前	(6)	(7)	(14)	(18)	
		(9)	(10)	后一前	(15)	(16)	(17)		
		(11)	(12)						

四、限差及规定

(1)前视距离、后视距离不得超过 100 m。

(2)前、后视距差不得大于 5 m。

(3)前、后视距累积差不得大于 10 m。

(4)"K＋黑－红"不得超过 3 mm。

(5)"$h_黑－(h_红±0.1)$"不得超过 5 mm。

(6)闭合差的允许值为 $f_{h允}＝±6\sqrt{n}$ 或 $f_{h允}＝±20\sqrt{L}$。式中，n 为测站数，L 为水准路线长度，以 km 计。

五、实验注意事项

(1)需要满足普通水准测量的注意事项。

(2)在选择测站时，用步测法使前、后视距大致相等。

(3)在同一测站，应尽量减少前、后视距读数的间隔时间。

将读数记入表1-4。

表 1-4 四等水准测量记录表

仪　器_____　　　　　　　天　气_____　　　　　　日　期_____

观测者_____　　　　　　　　记录者_____　　　　　　检核员_____

测站编号	测点编号	后尺	上丝	前尺	上丝	方向及尺号	中丝读数		K+黑一红/mm	高差中数/m	备注
			下丝		下丝		黑面/m	红面/m			
		后视距离/m		前视距离/m							
		视距差/m		累积差/m							
						后					
						前					
						后—前					
						后					
						前					
						后—前					
						后					
						前					
						后—前					
						后					
						前					
						后—前					
						后					
						前					
						后—前					
						后					
						前					
						后—前					
						后					
						前					
						后—前					

教师批阅意见：

成绩：　　　　　　　　　　　　　日期：

实验四 水准仪的检验和校正

一、目的与要求

(1)掌握水准仪各主要轴线之间应满足的关系。

(2)熟悉水准仪检验校正的项目。

(3)熟练掌握每个项目的检验和校正方法。

二、设备、人员、学时

(1)设备：DS3 微倾式水准仪 1 台、水准尺 2 把、三脚架 1 个、小螺丝刀 1 把、校正针 1 根、测伞 1 把。

(2)人员：4 人一组，轮流分工为：1 人操作仪器，1 人记录计算，2 人立水准尺。

(3)学时：2 学时。

三、内容与方法

(一)圆水准器轴平行于仪器竖轴的检验与校正

1. 检验方法

安置仪器后，调节脚螺旋，使圆水准器气泡居中，然后将望远镜绕竖轴旋转 180°，若气泡仍然居中，说明此项条件满足；若气泡偏离中心位置，说明此项条件不满足，应进行校正，如图 1-2 所示。

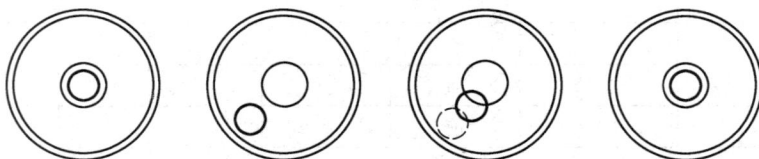

图 1-2　圆水准器轴的检验

2. 校正方法

校正时，用校正针拨动圆水准器下面的 3 个校正螺钉，使气泡向居中位置移动偏离长度的一半，这时圆水准器轴与竖轴平行，然后再旋转脚螺旋，使气泡居中，此时竖轴处于竖直位置。拨动 3 个校正螺钉前，应一松一紧，校正完毕注意把螺钉紧固。校正必须反复数次，直到仪器转动到任何方向气泡都居中为止，如图 1-3 所示。

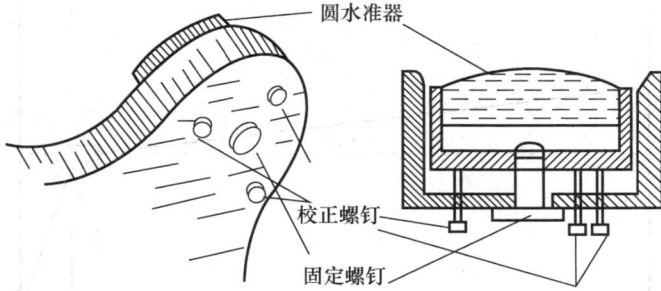

图 1-3　圆水准器的校正

（二）十字丝横丝垂直于仪器竖轴的检验与校正

1. 检验方法

水准仪整平后，用十字丝横丝的一端瞄准与仪器等高的一固定点 M。固定制动螺旋，然后用水平微动螺旋缓缓地转动望远镜。若该点始终在十字丝横丝上移动，说明满足此条件；若该点偏离了横丝，则表示不满足条件，即需要校正，如图 1-4 所示。

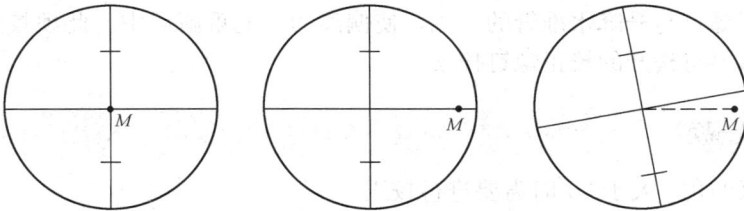

图 1-4　十字丝横丝垂直于仪器竖轴的检验

2. 校正方法

旋下靠近目镜处的十字丝环的外罩，用螺丝刀松开十字丝环的 4 个固定螺钉，按横丝倾斜的反方向转动十字丝环，使横丝与目标点重合。再次进行检验，直到目标点始终在横丝上相对移动为止，最后旋紧十字丝环，固定螺丝，并盖好护盖。

（三）水准管轴平行于视准轴的检验与校正

1. 检验方法

（1）在较平坦的地面上选定相距 $80\sim100$ m 的 A、B 两点，分别在 A、B 两点打入木桩，取 AB 的中点 C 架设水准仪，精确整平仪器后，依次照准 A、B 两尺读数，读数分别记为 a_1、b_1，计算 A、B 两点之间的高差 $h_1 = a_1 - b_1$，用变动仪器高法测出 A、B 两点的两次测得的高差，两次测得的高差小于 5 mm 时，取平均值 h_{AB} 作为最后的结果，如图 1-5 所示。

（2）将水准仪搬至 B 点（或 A 点）$2\sim3$ m 处，仪器精平后读取横丝读数 a_2 和 b_2，其中 b_2 为正确读数。根据 b_2 和正确高差 h_{AB} 计算出 B 尺视线水平时的正确读数 a_2'，$a_2' = b_2 + h_{AB}$。

若 $a_2' = a_2$，说明两轴平行，否则有角 i 存在。

角 i 的计算方法：$i = \dfrac{a_2 - a_2'}{D_{AB}}\rho''$

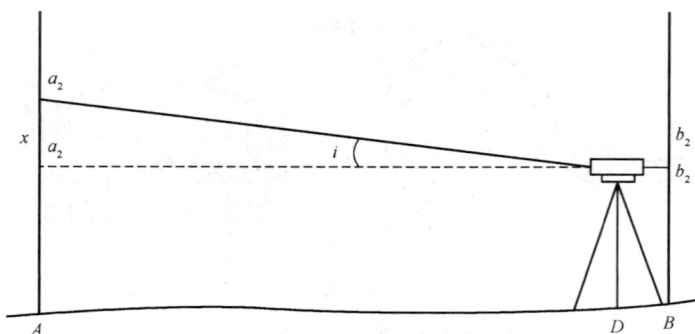

图 1-5　水准管轴平行于视准轴的检验

当 i 为正时，说明视准轴向上倾斜；反之，视准轴向下倾斜。规范中规定 DS3 水准仪的 i 大于 $20''$ 时，需要进行校正。

2. 校正方法

水准仪不动，转动微倾螺旋，使十字丝横丝切于 A 尺的正确读数 a_2' 处，此时视准轴处于水平位置，而水准管气泡偏离中心。用校正针先拨松水准管左、右端校正螺钉，再拨动上、下两个校正螺钉与升降水准管的一端，使偏离的气泡重新居中。此项校正需反复进行，直至达到要求后再将松开的校正螺钉拧紧。

四、限差及规定

DS3 水准仪的角 i 大于 $20''$ 时需要进行校正。

五、实验注意事项

(1) 检验和校正应按照顺序进行，不能任意颠倒。

(2) 检验圆水准器轴时，应将仪器旋转 $180°$。

(3) 检验十字丝横丝是否垂直于竖轴时，可以瞄准一个点或一条铅垂线进行检验。

(4) 拨动校正螺钉时，一律先松后紧，一松一紧，用力不宜过大。校正螺钉不能松动，应处于稍紧状态。

水准仪的检验与校正见表 1-5。

表 1-5　水准仪的检验与校正

仪　器_____　　　　　天　气_____　　　　　日　期_____

观测者_____　　　　　记录者_____　　　　　检核员_____

检验项目	检验与校正经过	
	略图	观测数据及说明
圆水准器轴平行于仪器竖轴		

检验项目	检验与校正经过	
	略图	观测数据及说明
十字丝横丝垂直于仪器竖轴		
水准管轴平行于视准轴		$a_1=$ $\qquad a_1{}'=$ $b_1=$ $\qquad b_1{}'=$
		$h_1=$ $\qquad h_1{}'=$ $h_1-h_1{}'=$ $\qquad h_{AB}=$
		$b_2=$ $\qquad a_2=b_2+h_{AB}=$ $a_2{}'=i=\dfrac{a_2-a_2}{D_{AB}}=$

教师批阅意见：

成绩：　　　　　　　　　　　　　日期：

光学经纬仪的认识和使用

一、目的与要求

(1)了解和认识 DJ6 光学经纬仪的基本构造及主要部件的名称和作用。

(2)练习经纬仪的使用,掌握经纬仪对中、整平、瞄准和读数的基本操作方法。

二、设备、人员、学时

(1)设备:每组 1 台 DJ6 光学经纬仪、1 个三脚架、2 支测钎、1 把测伞及铅笔、记录手簿、计算器等。

(2)人员:以小组为单位,每组 3~4 人,每人轮流操作仪器和记录读数。

(3)学时:2 学时。

三、内容与方法

1. 认识 DJ6 光学经纬仪

观察 DJ6 光学经纬仪的外形及各部件,熟悉各个部件的名称和作用,如图 1-6 所示。

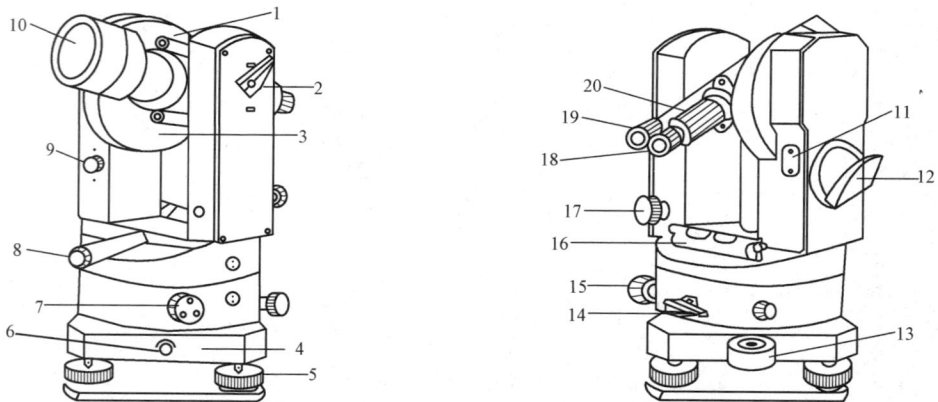

图 1-6　DJ6 光学经纬仪的构造

1—粗瞄器;2—望远镜制动螺旋;3—竖直度盘;4—基座;5—脚螺旋;6—轴座固定螺旋;

7—度盘变换手轮;8—光学对中器;9—竖盘自动归零螺旋;10—物镜;11—指标差调位盖板;

12—度盘照明反光镜;13—圆水准器;14—水平制动螺旋;15—水平微动螺旋;16—照准部水准管;

17—望远镜微动螺旋;18—目镜;19—读数显微镜;20—物镜调焦螺旋

2. 经纬仪使用

经纬仪的基本操作步骤包括对中、整平、瞄准、读数。

(1)经纬仪的安置。伸开三脚架腿,使三只架腿长度适中,将一只架腿置于前方,操作者左、右手各执一只架腿分别前、后、左、右移动，使架头大致水平，并位于地面点标志中心之上。将经纬仪从箱中取出，双手放到三脚架架头上，一手握住仪器，一手将三脚架架头的连接螺旋旋入仪器基座内，连接牢固后方可松手。

1）粗略对中。对中的目的是使仪器的中心与测站点的标志中心处于同一铅垂线上。首先旋转光学对中器的目镜调焦螺旋，使目镜端的十字光圈清楚，再伸缩光学对中器镜管的长短，使测站标志中心清楚，然后使三脚架的一只架腿落在地上，两手移动另外两只架腿，同时眼睛观察光学对中器目镜端，使其十字光圈的中心与测站中心大致对准（为方便在对中器中寻找并对准地面点，操作者可将一只架腿伸出，脚尖对准地面点作为指示）。

2）粗略整平。即让圆水准气泡居中。根据圆水准气泡的偏移方向，伸缩相关架腿。应先稍微松开架腿的螺旋并伸缩其长度，待气泡居中后，立即旋紧。

3）精确整平。先使管水准器与任意两个脚螺旋的连线方向平行，然后以左手拇指原则，操作者双手各执一脚螺旋（第三只脚螺旋居于操作者正前方），双手同时向内（或向外）旋转脚螺旋，至管水准气泡居中。再将照准部旋转 90°，旋转第三只脚螺旋，使气泡居中。

4）精确对中。旋松中心连接螺旋，平移仪器，同时眼睛观察光学对中器的目镜端，直到光学对中器目镜端的十字光圈与测站中心精确对准。最后旋紧连接螺旋。

（2）瞄准。

1）将望远镜对准明亮背景进行目镜调焦，使十字丝清晰。

2）松开照准部水平制动螺旋，转动望远镜，通过望远镜上的粗瞄器初步瞄准目标（花杆或测钎），使其位于望远镜的视场内，旋紧制动螺旋。

3）进行物镜调焦，使目标成像十分清晰。注意消除视差。

4）旋转望远镜微动螺旋，使目标成像高低适中；旋转水平微动螺旋，使十字丝竖丝精确照准目标。

（3）读数。打开反光镜，调节反光镜的位置，使读数窗亮度适当；旋转读数显微镜的目镜调焦螺旋，使度盘分划清晰；确定分微尺读数。DJ6 光学

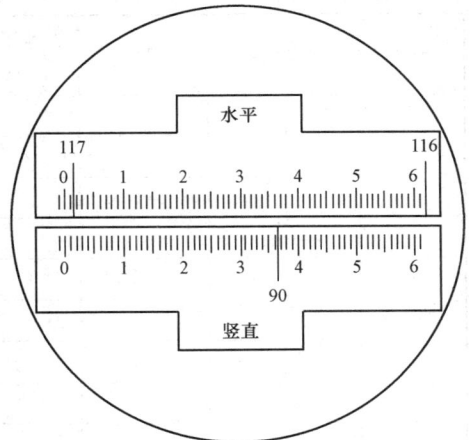

图 1-7　DJ6 光学经纬仪读数窗

经纬仪一般采用分微尺读数，其有两个读数窗口，标明 H 的为水平度盘读数，标明 V 的为竖直度盘读数。度盘分微尺将相当于 1° 的宽度分为 60 格，每格对应 1′，估读至 0.1′，读时化为秒数（如图 1-7 所示，水平度盘读数为 117°01′54″，竖盘读数为 90°36′12″）。

（4）记录。用铅笔将观测目标的水平度盘和竖直度盘读数记录在表 1-6 中。

3. 其他练习

（1）盘左、盘右进行观测练习。松开望远镜制动螺旋，纵转望远镜从盘左转为盘右（或相反），进行瞄准目标和读数的练习。

（2）配置水平度盘位置的练习。旋紧水平制动螺旋，转动水平度盘变换手轮，从度盘读数镜中观察水平度盘读数的变化情况，并试对准某一整数度数，如 0°00′00″、90°00′00″ 等。

四、限差及规定

（1）要求对中误差小于2 mm，管水准器整平误差小于1格。

（2）教师根据学生操作仪器的熟练程度、读数的正确性、所用时间及精度综合评定成绩。

五、实验注意事项

（1）将仪器安放到三脚架上或取下时，要一手先握住仪器，再拧紧或旋松中心连接螺旋，以防仪器摔落。

（2）经纬仪对中时，应先使三脚架架头大致水平，以利于仪器整平。

（3）用望远镜瞄准目标时，注意消除视差。

读数记入表1-6。

表1-6　角度测量记录表

仪　器_____　　　　　　天　气_____　　　　　　日　期_____

观测者_____　　　　　　记录者_____　　　　　　检核员_____

测站	竖盘位置	目标	水平度盘读数 /(° ′ ″)	水平角值 /(° ′ ″)	竖直度盘读数 /(° ′ ″)	备注
	左					
	右					
	左					
	右					
	左					
	右					
	左					
	右					
	左					
	右					

教师批阅意见：

成绩：　　　　　　　　　　日期：

实验六　用测回法观测水平角

一、目的与要求

(1)进一步熟悉 DJ6 光学经纬仪的使用方法。

(2)掌握用 DJ6 光学经纬仪以测回法观测水平角的观测程序、记录和计算方法。

(3)了解用 DJ6 光学经纬仪以测回法观测水平角的各项技术指标。

二、设备、人员、学时

(1)设备:每组 1 台 DJ6 光学经纬仪、1 个三脚架、2 支测钎、1 把测伞及铅笔、记录手簿、计算器等。

(2)人员:以小组为单位,每组 3~4 人,每人轮流操作仪器和记录读数。

(3)学时:2 学时。

三、内容与方法

测回法为观测某一水平单角最常用的方法。设测站点为 O,左目标点为 A,右目标点为 B,测定水平角 β,以测两个测回为例,具体操作如下。

1. 第一测回

(1)上半测回。

1)如图 1-8 所示,将经纬仪安置在测站点 O,经过对中整平,盘左位置瞄准左目标点 A,通过度盘变换手轮将度盘读数配置为 $0°$ 或略大于 $0°$,得水平度盘读数为 $a_左$,并记录。

2)顺时针转动照准部,瞄准右目标点 B,得读数 $b_左$,并记录。

3)计算盘左半测回的水平角值 $\beta_左 = b_左 - a_左$。

(2)下半测回。

1)倒装望远镜成盘右位置,瞄准右目标点 B,得读数 $b_右$,并记录。

图 1-8　用测回法观测水平角

2)逆时针转动照准部,瞄准左目标点 A,得读数 $a_右$,并记录。

3)计算盘右半测回的水平角值 $\beta_右 = b_右 - a_右$。

(3)一个测回的计算。比较计算 $\beta_左$ 与 $\beta_右$ 的差值,若其不大于限差 $36''$,则满足要求,取其平均值 $(\beta_左 + \beta_右)/2$ 作为第一测回的水平角值 β_1。

2. 第二测回

盘左位置瞄准左目标点 A,通过度盘变换手轮将度盘读数配置为 $90°$ 或略大于 $90°$,然后再进行精确读数,得第二测回的一测回水平角 β_2。

若 β_1 与 β_2 的差值不大于 $24''$,则取两测回平均值 $\beta = (\beta_1 + \beta_2)/2$ 作为该角的观测值。

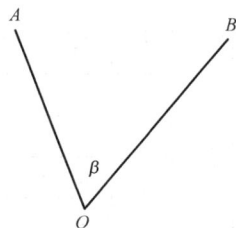

（1）要求对中误差小于 2 mm，整平误差小于 1 格。

（2）第一测回中上、下半测回角值之差≤36″，各测回角值之差≤24″。

（1）瞄准目标时，应尽量瞄准目标底部，以减少目标偏心误差。

（2）在观测过程中，若发现照准部水准管气泡偏移超过 1 格，应重新整平仪器，并重测该测回。

（3）各测回在盘左位置瞄准左目标点时，应配置度盘读数，若需要对一个水平角测量 n 个测回，则第 i 个测回的度盘位置为略大于 $(i-1)\times180°/n$（如要对一个水平角测量 3 个测回，则 3 个测回盘左位置瞄准左目标点时，配置度盘的读数分别为：略大于 0°、60°、120°）。

（4）计算半测回角值，当左目标点读数 a 大于右目标点读数 b 时，则应在右目标点读数 b 上加 360°。

（5）所有角值应当场计算，符合要求后再作下一步观测。

用测回法观测水平角的记录手簿见表 1-7。

表 1-7　用测回法观测水平角的记录手簿

日　　期：_____　　　　　天　　气：_____　　　　观测者：_____

仪　　器：_____　　　　　小　　组：_____　　　　记录者：_____

测站	测回	竖盘位置	目标点	水平度盘读数/(° ′ ″)	半测回角值/(° ′ ″)	一测回角值/(° ′ ″)	各测回平均角值/(° ′ ″)	备注
		左	A					
			B					
		右	B					
			A					
		左	A					
			B					
		右	B					
			A					
		左	A					
			B					
		右	B					
			A					
		左	A					
			B					
		右	B					
			A					

教师批阅意见：

成绩：　　　　　　　　　　　　　　　　　日期：

用方向观测法观测水平角

一、目的与要求

(1)熟悉光学经纬仪的操作和使用。

(2)练习用方向观测法测量水平角,掌握观测过程、记录和计算方法。

二、设备、人员、学时

(1)设备:DJ6 光学经纬仪 1 台、三脚架 1 个。

(2)人员:3～4 人一组,每人轮流进行观测练习。

(3)学时:2 学时。

三、内容与方法

(1)如图 1-9 所示,将经纬仪安置于测站点 O 处,观测 A、B、C、D 4 个目标。观测测回数与本组组员人数相同。

(2)选择零方向(设 A 点为零方向),配度盘(与测回法配度盘原则相同)。

(3)盘左顺时针依次照准 A、B、C、D、A 等目标,并读数记录。计算半测回归零差。

(4)盘右从零方向 A 开始,逆时针方向依次照准 A、D、C、B、A 等目标,并读数记录。计算半测回归零差。此为一测回。

(5)计算二倍照准误差值(2C 值):$2C =$ 盘左读数 $-$ (盘右读数 $\pm 180°$)。

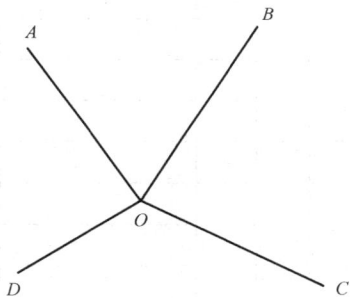

图 1-9 用方向观测法观测水平角

(6)计算各方向平均读数,记入表格。

方向平均读数 $=$(此方向盘左读数 $+$ 此方向盘右读数 $\pm 180°$)/2。

由于起始方向 A 有两个平均读数,需再取平均值,写在第一个平均值的上方,并加括号。

(7)计算归零后方向值,记入表格。

(8)计算本组所有同学各测回归零方向值的平均值,记入表格。

四、限差及规定

(1)半测回归零差为 $18''$。

(2)一测回内 DJ6 经纬仪对 2C 互差无要求,同一方向值各测回 2C 互差为 $24''$。

(3)同一方向各测回归零方向值之差为 $24''$。

(1)方向观测法的零方向应定在远近适当,且成像清晰的位置。

(2)若半测回归零差超限应立即重测。

(3)观测后应立即计算,并查看限差要求。严禁随意涂抹、修改外业记录表。

方向观测法观测手簿见表1-8。

表1-8 方向观测法观测手簿

仪　器_____　　　　　　　天　气_____　　　　　　　日　期_____

观测者_____　　　　　　　记录者_____　　　　　　　检核员_____

测站	测回数	目标	水平度盘读数/(° ′ ″)		2C /(° ′ ″)	平均读数 /(° ′ ″)	归零后方向值 /(° ′ ″)	各测回归零方向值的平均值 /(° ′ ″)
			盘左	盘右				

教师批阅意见:

成绩:　　　　　　　　　　　　　　　　日期:

竖直角观测和视距测量

一、目的与要求

(1)了解光学经纬仪竖直度盘的结构。

(2)掌握竖直角观测方法,并记录数据及计算。

(3)了解竖盘指标差产生的原因,并计算。

(4)了解视距测量原理。

(5)掌握视距测量方法,并计算。

二、设备、人员、学时

(1)设备:DJ6 光学经纬仪 1 台、三脚架 1 个、水准尺 1 把、卷尺 1 个。

(2)人员:3~4 人一组,每人轮流进行观测练习。

(3)学时:2 学时。

三、内容与方法

(一)竖直角测量

(1)于测站点安置仪器,观察竖直度盘注记形式,确定竖直角的计算公式。

(2)盘左照准目标,打开竖盘自动补偿开关(或调平竖盘指标水准气泡),读取盘左竖盘读数,并记录和计算。

(3)盘右照准目标,读取盘右竖盘读数,并记录和计算。

(4)计算竖盘指标差,检查各测回指标差、互差是否超限。

(5)计算一测回竖直角值及检查各测回竖直角值的互差是否超限。

(二)视距测量

(1)将经纬仪安置在测站点上。

(2)用卷尺量取仪器高 i。

(3)观测待测视距点处的水准尺,读取上、中、下三丝读数及竖盘读数,将其分别记录到表格当中。

(4)将数据代入公式:

$$D = kL\cos^2\alpha$$
$$h = D\tan\alpha + i - v$$

四、限差及规定

(1)各测回指标差、互差通常不应大于 $\pm 25''$。

(2)各测回竖直角值的互差不应大于±25″。

(1)每次竖盘读数前,应打开自动补偿开关。

(2)计算竖直角和指标差时注意符号正负。

(3)数据超限差时应及时重测。

(4)表格数据不可随意涂改,严禁转抄数据。

竖直角、视距观测手簿见表1-9、表1-10。

表1-9 竖直角观测手簿

仪　器＿＿＿＿＿＿　　　　　　　天　气＿＿＿＿＿＿　　　　　　　日　期＿＿＿＿＿＿

观测者＿＿＿＿＿＿　　　　　　　记录者＿＿＿＿＿＿　　　　　　　检核员＿＿＿＿＿＿

测站	目标	盘位	竖盘读数 /(°′″)	半测回竖直角 /(°′″)	一测回竖直角 /(°′″)	指标差	各测回平均竖直角
		左					
		右					
		左					
		右					
		左					
		右					

教师批阅意见:

成绩:　　　　　　　　　　　　　　日期:

表1-10 视距观测手簿

仪　器＿＿＿＿＿＿　　　　　　　天　气＿＿＿＿＿＿　　　　　　　日　期＿＿＿＿＿＿

观测者＿＿＿＿＿＿　　　　　　　记录者＿＿＿＿＿＿　　　　　　　检核员＿＿＿＿＿＿

测点	下丝读数	上丝读数	视距间隔	中丝读数	竖盘读数/(°′)	竖直角/(°′)	平距D/m	高差主值h′/m	高差/m	观测点高程/m

教师批阅意见:

成绩:　　　　　　　　　　　　　　日期:

实验九 全站仪的认识和使用

一、目的与要求

(1)认识全站仪的结构,了解全站仪的功能。

(2)了解全站仪的作用,掌握其操作方法和过程。

二、设备、人员、学时

(1)设备:每组 1 台全站仪、1 个脚架、1 个单棱镜及棱镜杆等。

(2)人员:以小组为单位,每小组 4~6 人,实验过程轮换,每人均应完成全站仪操作、读数、记录、计算和立镜等工作。

(3)学时:2 学时。

三、内容与方法

(一)认识全站仪

(1)熟悉全站仪的外观及各部件的名称,了解其作用,如图 1-10 所示。

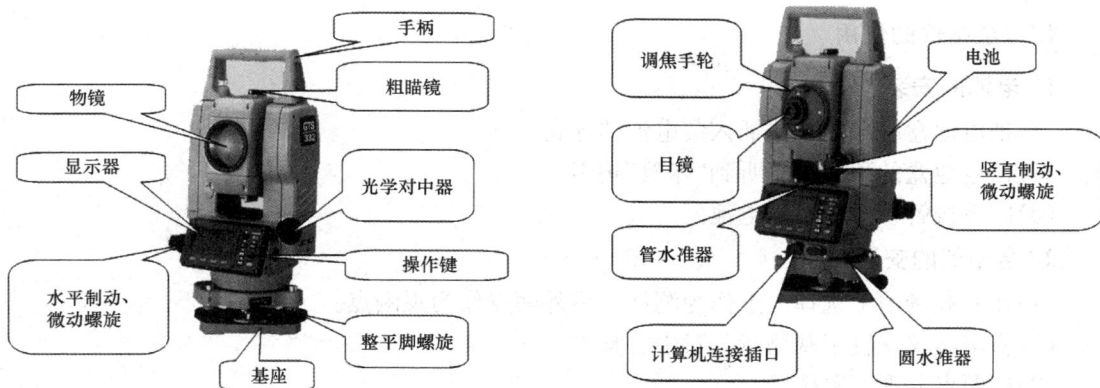

图 1-10 全站仪结构

(2)熟悉全站仪操作键盘,了解其作用,如图 1-11 所示。

按键	键名	功能	按键	键名	功能
	坐标测量键	进入坐标测量模式	ESC	退出键	• 返回距离测量模式，或上一层菜单 • 从常规测量模式直接进入数据采集模式或放样模式
	距离测量键	进入距离测量模式		电源键	开/关全站仪电源
ANG	角度测量键	进入角度测量模式	F1 F4	功能键	对应于屏幕下方相关位置显示的功能
MENU	菜单键	• 在菜单模式与其他模式之间切换 • 在菜单模式下可设置应用程序测量			

图 1-11　全站仪操作键盘的作用

(3)熟悉全站仪显示屏的显示，如图 1-12 所示。显示屏使用液晶点阵显示，每屏 4 行，每行 20 个字符。通常上面三行显示测量数据，最下面一行显示对应于功能键的功能信息，这些功能信息随测量模式的不同而变化。

标志	含义	标志	含义
V	竖直角	E	E 坐标
HR	右水平角	Z	Z 坐标
HL	左水平角	*	电子测压系统在工作
HD	水平距离	m	单位：米
VD	垂直距离(高差)	ft	单位：英尺
N	N 坐标	ft＋in	单位：英尺与英寸

图 1-12　全站仪显示屏的显示

(二)全站仪的使用

1. 电池的安装

(1)把电池盒底部的导块插入装电池的导孔。

(2)按电池盒的顶部直至听到"咔嚓"响声。

(3)向下按解锁钮，取出电池。

2. 全站仪的安置

(1)在实验场地上选择一点作为测站，另外两点作为观测点。

(2)将全站仪安置于观测点，对中、整平。

(3)在两点分别安置棱镜。

3. 开机初始化设置

开机后，根据提示，转动望远镜和照准部，随即听见一声鸣响，显示屏上显示出水平度盘和竖盘读数，即初始化完成。

(三)角度测量

(1)从显示屏上确定是否处于角度测量模式，如果不是，则按操作键转换为角度测量模式。

(2)盘左瞄准左目标 A，按置零键，使水平度盘的读数显示为 $0°00'00''$，顺时针旋转照准部，瞄准右目标 B，读取显示读数。

（3）用同样方法可以进行盘右观测。

（4）如果测竖直角，可在读取水平度盘显示读数的同时读取竖盘的显示读数。

（四）距离测量

（1）从显示屏上确定是否处于距离测量模式，如果不是，则按操作键转换为距离测量模式。

（2）照准棱镜中心，按测量键完成距离测量，HD 为水平距离，SD 为倾斜距离。

（五）坐标测量

（1）从显示屏上确定是否处于坐标测量模式，如果不是，则按操作键转换为坐标测量模式。

（2）输入测站点及后视点坐标以及仪器高、棱镜高。

（3）瞄准后视点棱镜中心，设置后视方向，然后瞄准待测点棱镜中心，按测量键，显示屏上显示待测点坐标，完成坐标测量。

（六）其他功能

有的全站仪还包括数据采集、坐标放样以及悬高测量、面积测量、对边测量、后方交会和道路放样等辅助功能，可以按菜单进入程序后根据提示和说明书，在教师的指导下进行练习。

四、限差及规定

导线测量的主要技术要求见表 1-11。

表 1-11 导线测量的主要技术要求

等级	导线长度/km	平均边长/km	测角中误差/(″)	测距中误差/mm	测距相对中误差	测回数 2″	测回数 6″	方位角闭合差/(″)	相对闭合差
二等	14	3	1.8	20	≤1/150 000	10	—	$3.6\sqrt{n}$	≤1/55 000
四等	9	1.5	2.5	18	≤1/80 000	6	—	$5\sqrt{n}$	≤1/35 000
一级	4	0.5	5	15	≤1/30 000	2	4	$10\sqrt{n}$	≤1/15 000
二级	2.4	0.25	8	15	≤1/14 000	1	3	$16\sqrt{n}$	≤1/10 000
三级	1.2	0.1	12	15	≤1/7 000	1	2	$24\sqrt{n}$	≤1/5 000

五、实验注意事项

（1）运输仪器时，应采用原装的包装箱运输、搬动。

（2）近距离将仪器和脚架一起搬动时，应保持仪器竖直向上。

（3）拔出插头之前应先关机。在测量过程中，若拔出插头，则可能丢失数据。

（4）换电池前必须关机。

（5）仪器只能存放在干燥的室内。充电时，周围温度应为 10 ℃～30 ℃。

（6）全站仪是精密贵重的测量仪器，要防日晒、防雨淋、防碰撞与震动。严禁将仪器直接照准太阳。

全站仪测量记录表见表 1-12。

表 1-12　全站仪测量记录表

日期：_____　　　天气：_____　　　观测者：_____
仪器：_____　　　小组：_____　　　记录者：_____

测站	仪器高/m	棱镜高/m	竖盘位置	水平角测量		竖直角测量		距离测量			坐标测量		
				水平度盘读数/(° ′ ″)	水平角值/(° ′ ″)	竖盘读数/(° ′)	竖直角/(° ′)	斜距/m	平距/m	高程/m	x/m	y/m	H/m

实验十

经纬仪点位测设

一、目的与要求

(1)掌握经纬仪点位测设的方法及过程。

(2)理解并掌握极坐标法、直角坐标法、角度交会法测设点位的区别与联系。

二、设备、人员、学时

(1)设备:光学经纬仪 1 台、钢尺 1 把、三脚架 1 个、花杆 2 根、铅笔 1 个、计算器 1 个。

(2)人员:每组 4 人,以小组为单位,每人应独立完成 4 个点的测设数据计算,并轮换配合进行点位测设工作。

(3)学时:2 学时。

三、内容与方法

(一)极坐标法测设点位

1. 测设数据计算

已知点及测设点如图 1-13 所示,M、N 为已知控制点,A、B、C、D4 点为待测设点。

各点坐标为 M(395.000,390.340)、N(375.160,370.134)、A(400.000,400.000)、B(400.000,470.000)、C(385.000,470.000)、D(385.000,400.000)(可根据实验场地,另行选取坐标数据)。

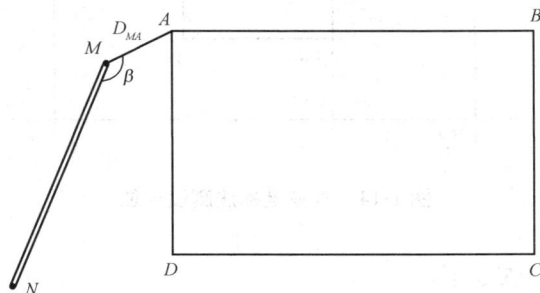

图 1-13　极坐标法放样点位

根据两个已知控制点 M、N 的已知坐标及待测点 A 的设计坐标,计算 A 点测设数据水平角 β 和水平距离 D_{MA}。

方位角 $\alpha_{MN} = \arctan \dfrac{\Delta y_{MN}}{\Delta x_{MN}}$，$\alpha_{MA} = \arctan \dfrac{\Delta y_{MA}}{\Delta x_{MA}}$；

水平角 $\beta = \alpha_{MN} - \alpha_{MA}$；

水平距离 $D_{MA} = \sqrt{(x_M - x_A)^2 - (y_M - y_A)^2} = \sqrt{\Delta x_{AM}^2 + \Delta y_{AM}^2}$。

B、C、D 各点测设数据的计算方法相同。

2. 测设步骤

(1)设置控制点，实验场地确定 M、N 点。

(2)在测站点 M 点安置经纬仪，对中、整平。

(3)经纬仪瞄准后视点 N 点，读取水平度盘读数 a_1。

(4)计算待测设点 A 的应有水平度盘读数 $a_2 = a_1 - \beta$。

(5)转动照准部，找到待测设点 A 的水平度盘读数大致为 a_2 的方向，旋紧水平制动螺旋，用水平微动螺旋精确对准水平度盘读数 a_2。此方向即 MA 方向。

(6)沿 MA 方向，自 M 点用钢尺量取水平距离 D_{MA}，定出 A 点位置，设立桩点。

(7)变换钢尺起点重新量取 D_{MA}，再一次确定 A 点位置，取两次中点作为 A 点最终位置。

(8)同上步骤，依次完成 B、C、D 点的测设工作。

(9)检核各边长，与利用坐标算得距离符合限差要求(一般要求 1/2 000)。

(二)直角坐标法测设点位

通常在场地已建立有互相垂直的主轴线或建筑方格网时，一般采用直角坐标法完成施工场地上的点位测设工作。

如图 1-14 所示，A、B、C、D 为建筑方格网(或建筑基线)控制点，1、2、3、4 点为待测设建筑物轴线的交点，建筑方格网(或建筑基线)分别平行或垂直于待测设建筑物的轴线。根据控制点的坐标和待测设点的坐标可以计算出两者之间的坐标增量。

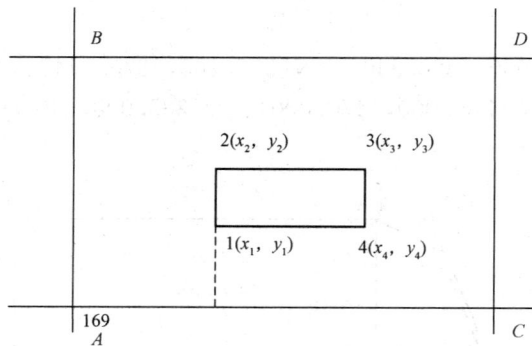

图 1-14　直角坐标法测设点位

测设 1 点位置时，步骤如下：

(1)在 A 点安置经纬仪，照准 C 点，沿此视线方向从 A 向 C 测设水平距离 Δy_{A1} 定出 $1'$ 点。

(2)在 $1'$ 点安置经纬仪，盘左瞄准 C 点(或 A 点)测设 $90°$，并沿此方向测设出水平距离 Δx_{A1} 定出 1 点。

(3)盘右再测设一次 1 点，取平均位置作为所需放样的点位。

采用同样的方法可以测设其他点。检核时，在测设好的点上检测各个角度是否符合设计要求，并丈量各边边长是否满足相对误差要求。

(三)角度交会法测设点位

角度交会法是在两个控制点上分别安置经纬仪，根据相应的水平角测设出相应的方向，并根据两个方向交会定出点位的一种方法。此法适用于待测设点位离控制点较远或量距有困难的情况。如图 1-15 所示，测设过程如下：

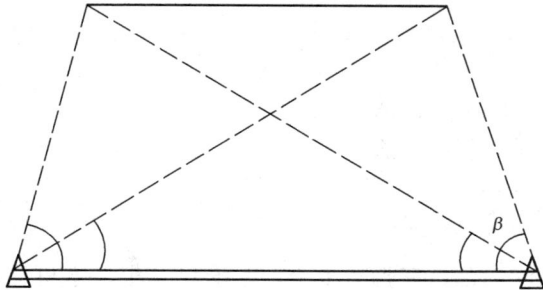

图 1-15　角度交会法测设点位

(1)根据控制点 A、B 和待定点 1、2 的坐标，反算出测设数据 β_{A1}、β_{A2}、β_{B1} 和 β_{B2} 角度值。

(2)将经纬仪安置在 A 点，瞄准 B 点，利用 β_{A1}、β_{A2} 角值按照盘左盘右分中法，定出 A_1、A_2 方向线，并在其方向线上的 1、2 两点附近分别打下两个木桩，桩上钉上小钉子，并用细线拉紧。

(3)在 B 点安置经纬仪，同法定出 B_1、B_2 方向线。

(4)根据 A_1 和 B_1、A_2 和 B_2 方向线分别交出 1、2 两点，进行标定。

也可以利用两台经纬仪分别在 A、B 两控制点分别设站，测设出方向线后标定出 1、2 两点。

检核时可以采用实测 1、2 两点水平距离与 1、2 两点坐标反算的水平距离进行对比，其应满足相对误差要求。

四、限差及规定

(1)坐标点位精度不应超过 2 cm。

(2)设备基础竣工中心线必须进行复测，两次测量的误差不应大于 5 mm。

(3)对于埋设有中心标板的重要设备基础，其中心线应由竣工中心线引测，同一中心标点的偏差不应超过 ±1 mm。

(4)同一设备基准中心线的平行偏差或同一生产系统的中心线的直线度应在 ±1 mm 以内。

五、实验注意事项

(1)计算待测设点测设数据时，若水平角 β 计算值为负，则应加上 360°。

(2)反算坐标方位角时，应注意直接计算结果与实际坐标方位角的关系，检核正确。

(3)用钢尺丈量时，应保持尺身水平，以确保所量取的为水平距离。

(4)在测设好的点上，检测各个角度是否符合设计要求，并丈量各边边长是否满足相对误差要求。

实验十一 高程及坡度测设

高程及坡度测设

一、目的与要求

(1)掌握已知高程测设的基本方法。

(2)掌握已知坡度测设的基本方法。

二、设备、人员、学时

(1)设备：DS3 水准仪 1 台，三脚架 1 个，水准尺 2 根，木桩、铅笔、计算器、记录手簿各 1 个。

(2)人员：以小组为单位，每组 3～4 人，每人应独立完成测设数据计算，实验过程轮换，每人均应完成水准仪操作、读数、扶尺工作。

(3)学时：2 学时。

三、内容与方法

(一)已知高程放样

(1)如图 1-16 所示，已知水准点 A 的高程 H_A 及待测点 B 的设计高程 H_B。

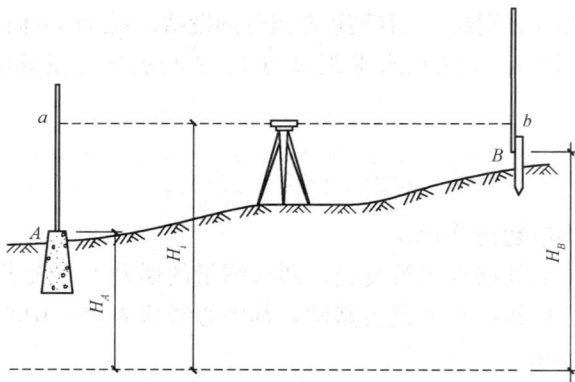

图 1-16　高程测设

(2)安置仪器，在 A 点上立水准尺，读取后视读数 a。

(3)计算测设数据。

1)水准仪视线高程：$H_i = H_A + a$；

2)待测点 B 上水准尺应有的读数：$b = H_i - H_B$。

(4)在 B 点处立水准尺，指挥扶尺者将尺靠在木桩一侧，竖直上下移动水准尺，当水准仪读数恰好为 b 时，沿尺底在木桩上标注划线，即 B 点的设计高程 H_B。

(5)按以上步骤，进行其他已知设计高程点的测设工作，记录见表1-13。

(二)已知坡度放样

1. 水准仪法

给定已知点 A，其高程为 H_A，设计的坡度为 i，设计坡度的终点 B，用钢尺量出 AB 之间的水平距离 D。根据公式计算 B 点设计高程，如图1-17所示。

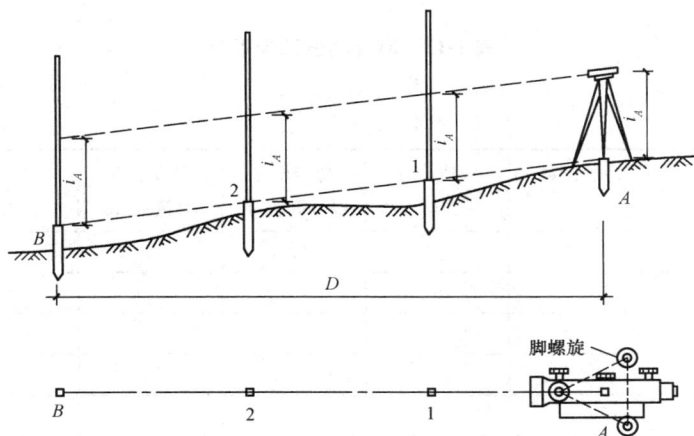

图1-17　测设坡度线

(1)已知水准点 A 的高程，待测设坡度的两端点 A、B，A 的设计高程为 H_A，A、B 两点之间的平距离 D 及设计坡度 i 均已知，计算 B 点高程：$H_B = H_A + iD$。

(2)在 AB 方向上每间隔距离 d 打下一木桩，定为中间点1、2、3……

(3)用高程测设的方法将设计坡度线两端 A、B 的设计高程 H_A、H_B 测设于实地。然后将水准仪安置在 A 点，并量取仪器高 i_A（i_A 为 A 点设计高程到仪器中心的铅垂距离），安置时使一个脚螺旋在 AB 方向上，另两个脚螺旋的连线大致垂直于 AB 方向线，照准 B 点上的水准尺，旋转 AB 方向上的脚螺旋，使视线在 B 尺上的读数等于仪器高 i_A，此时水准仪的倾斜视线与设计坡度线平行。

(4)在 A、B 之间各桩点上立水准尺，当上下移动水准尺读数都等于仪器高 i_A 时，在尺底画线，各画线的连线即所要测设的坡度线。记录见表1-14。最后检查各点实际高程。

水准仪法测设已知高程也可采用水平视线法，即中间每个桩点处尺上读数不同，按坡度和距离大小变化尺上的读数。

2. 经纬仪法

水准仪法适用于坡度较小的情况，当坡度较大时，可用经纬仪进行测设，方法基本相同，如图1-17所示，将经纬仪安置在 A 点上，根据坡度值计算出竖直角 α，在视线方向上，将经纬仪视线倾斜角调为 α，坡度线上尺子的读数方法与水准仪法相同。

坡度也可使用全站仪来测设。

四、限差及规定

高程放样误差不超过 ±1 cm。

(1)测设数据计算正确与否，对高程的测设非常重要，必须计算检核无误，方可用于现场测设。

(2)前、后视距应大致相等，水准尺立尺必须竖直。

(3)注意消除视差。

表 1-13　高程测设记录手簿

日期：_____　　　　　　天气：_____　　　　　　观测者：_____

仪器：_____　　　　　　小组：_____　　　　　　记录者：_____

测站	水准点高程 /m	后视读数 /m	视线高程 /m	待测设点 设计高程/m	测设点应 有读数/m	检测	
						读数/m	误差/m

教师批阅意见：

成绩：　　　　　　　　　　　　日期：

表 1-14 坡度测设记录表

日期：_____　　　　　　天气：_____　　　　　　观测者：_____
仪器：_____　　　　　　小组：_____　　　　　　记录者：_____

测站点		另一端点高程/m	仪器高/m	中间桩点		检核误差/mm
点号	高程/m			点号	实际读数	

教师批阅意见：

成绩：　　　　　　　　　　　　　日期：

实验十二
全站仪坐标测量

一、目的与要求

(1)了解国产南方 NTS—330(310)系列全站仪的结构特点和显示格式。

(2)掌握 NTS—330 系列全站仪操作键、功能键的功能。

(3)掌握 NTS—330 系列全站仪的操作要领和使用方法。

(4)会独立地使用 NTS—330 系列全站仪进行坐标测量。

二、设备、人员、学时

(1)设备：NTS—330(或其他型号)全站仪 1 台、反射棱镜 1 个、三脚架 1 个、对中杆 1 个。

(2)人员：4 人一组。

(3)学时：4 学时。

三、内容与方法

(一)安置全站仪

(1)打开三脚架,安置于测点上,并使架头大致水平,高度与观测者的身高相适应。打开仪器箱并取出全站仪,安放在架头上,旋紧中心螺旋。装上电池,打开电源开关。

(2)粗略对中：首先对光学对中器调焦,然后提起两只脚架腿,并移动脚架使对中器中心对准地面标志点。

(3)粗略整平：升降架腿高度,使照准部圆水准器气泡居中。

(4)精确整平：旋转脚螺旋,使长水准器的气泡在互相垂直的方向上居中。

(5)精确对中：精确整平之后,检查对中是否偏离。若有偏离,松开中心连接螺旋,在架头上平移仪器(禁止旋转),重新对准地面标志点。

(6)反复进行上述(4)、(5)两步,直至对中、整平均达到要求。

(二)操作面板的认识

了解操作面板上各按键的作用,了解各显示符号含义。南方 NTS—330 全站仪操作面板如图 1-18 所示,操作面板按键功能、符号含义见表 1-15、表 1-16。

图 1-18　南方 NTS—330 全站仪操作面板

表 1-15　南方 NTS—330 全站仪操作面板按键功能

按键	名称	功能
ANG	角度测量键	进入角度测量模式
◣	距离测量键	进入距离测量模式
⦧	坐标测量键	进入坐标测量模式（▲上移键）
S.O	坐标放样键	进入坐标放样模式（▼下移键）
K1	快捷键 1	用户自定义快捷键 1（◀左移键）
K2	快捷键 2	用户自定义快捷键 2（▶右移键）
ESC	退出键	返回上一级状态或返回测量模式
ENT	回车键	对所做操作进行确认
M	菜单键	进入菜单模式
T	转换键	测距模式转换
★	星键	进入星键模式或直接开启背景光
⏻	电源开关键	电源开关
F1～F4	软键（功能键）	对应于显示的软键信息
0～9	数字字母键盘	输入数字和字母
—	负号键	输入负号，开启电子气泡功能（仅适用 P 系列）
·	点号键	开启或关闭激光指向功能、输入小数点

表 1-16　南方 NTS—330 全站仪操作面板符号含义

显示符号	内容
V	垂直角
V%	垂直角（坡度显示）
HR	水平角（右角）
HL	水平角（左角）
HD	水平距离
VD	高差
SD	斜距
N	北向坐标
E	东向坐标
Z	高程

显示符号	内容
*	EDM(电子测距)正在进行
m/ft	米与英尺之间的转换
m	以米为单位
S/A	气象改正与棱镜常数设置
PSM	棱镜常数(以 mm 为单位)
(A)PPM	大气改正值(A 为开启温度气压自动补偿功能,仅适用于 P 系列)

(三)全站仪坐标测量

在坐标测量模式下,通过输入仪器高和棱镜高进行坐标测量,可直接测定未知点的坐标。步骤如下:

(1)完成测站点的设置。设置仪器(测站点)相对于坐标原点的坐标,仪器可自动转换和显示未知点(棱镜点)在该坐标系中的坐标。测站点坐标设置如图 1-19 所示。设置测站点的操作过程示意如图 1-20 所示。

电源关闭后,可保存测站点坐标。

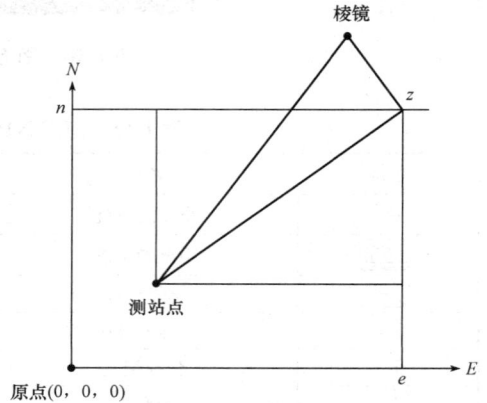

图 1-19　测站点坐标设置

操作过程	操作	显示
①在坐标测量模式下,按 F4(P1↓)键,转到第 2 页功能	F4	PSM -30　PPM 4.6 N:　　2 012.236 m E:　　2 115.309 m Z:　　3.156 m 测量　模式　S/A　P1↓ 镜高　仪高　测站　P2↓
②按 F3(测站)键	F3	PSM -30　PPM 4.6 N:　　0.000 m E:　　0.000 Z:　　0.000 回退
③输入 N 坐标,按 ENT 键回车确认	输入数据 ENT	PSM -30　PPM 4.6 N: 6396　　m E:　　0.000 Z:　　0.000 回退

图 1-20　设置测站点的操作过程示意

操作过程	操作	显示
④按同样方法输入 E 和 Z 坐标，输入数据后，显示屏返回坐标测量显示	输入数据 ENT	PSM −30　PPM 4.6 N:　　　　6 396.321 m E:　　　　12.639 m Z:　　　　0.369 m 回退 PSM −30　PPM 4.6 N:　　　　6 432.693 m E:　　　　117.309 m Z:　　　　0.126 m 镜高　仪高　测站　P2↓

输入范围：

　−99 999 999.999 m≤ N、E、Z≤＋99 999 999.999 m

图 1-20　设置测站点的操作过程示意(续)

(2)设置仪器高和目标高。

1)仪器高的设置如图 1-21 所示。电源关闭后，可保存仪器高。

操作过程	操作	显示
①在坐标测量模式下，按 F4 (P1↓)键，转到第 2 页功能	F4	PSM −30　PPM 4.6 N:　　　　2 012.236 m E:　　　　2 115.309 m Z:　　　　3.156 m 测量　模式　S/A　P1↓ 镜高　仪高　测站　P2↓
②按 F2 (仪高)键，显示当前值	F2	输入仪器高 仪高:　　　　0.000　m 回退
③输入仪器高，按 ENT 键回车确认，返回到坐标测量界面	输入仪器高 ENT	PSM −30　PPM 4.6 N:　　　　12.236 m E:　　　　115.309 m Z:　　　　12.126 镜高　仪高　测站　P2↓

输入范围：

　−999.999 m≤仪器高≤＋999.999 m

图 1-21　仪器高设置操作过程示意

2)棱镜高的设置：此项功能用于获取 Z 坐标值，电源关闭后，可保存棱镜高，如图 1-22 所示。

操作过程	操作	显示
①在坐标测量模式下，按 F4（P1↓）键，进入第 2 页功能	F4	PSM −30 PPM 4.6 N:　　　　　2 012.236 m E:　　　　　1 015.309 m Z:　　　　　3.156 m 测量　模式　S/A　P1↓ 镜高　仪高　测站　P2↓
②按 F1（镜高）键，显示当前值	F1	输入棱镜高 镜高：＿＿＿ 2.000　m 回退
③输入棱镜高，按 ENT 键回车确认，返回到坐标测量界面	输入棱镜高 ENT	PSM −30 PPM 4.6 N:　　　　　360.236 m E:　　　　　194.309 m Z: 镜高　仪高　测站　P2↓
输入范围： 　　−999.999 m≤棱镜高≤＋999.999 m		

图 1-22　棱镜高设置操作过程示意

（3）测量未知点的坐标并显示计算结果。一般来说，在未输入测站点坐标的情况下，缺省的测站点坐标为(0，0，0)；当未输入仪器高时，以 0 计算。

（4）用全站仪进行坐标测量时，具体操作步骤如图 1-23 所示。

操作过程	操作	显示
①设置后视已知点 A 的方向角	设置方向角	PSM −30 PPM 4.6 V: 95°30′55″ HR：133°12′20″ 置零　锁定　置盘　P1↓
②照准目标 B： 按 ∠ 键开始测量，并显示测量结果	照准棱镜 ∠	PSM −30 PPM 4.6 N:　　　　　12.236 m E:　　　　　115.309 m Z:　　　　　0.126 m 测量　模式　S/A　P1↓

图 1-23　全站仪坐标测量流程

四、实验注意事项

(1)使用前应结合仪器，仔细阅读使用说明书，熟悉仪器各零部件的功能和实际操作方法。

(2)望远镜的物镜不能直接对准太阳，以免损坏测距部的发光二极管。

(3)在阳光下作业时必须打伞，防止阳光直射仪器。

(4)迁站时，即使距离很近，也应该取下仪器装箱后再移动。搬迁过程中必须注意防震。

(5)仪器和棱镜在温度突变时会降低测程，影响测量精度。要使仪器和棱镜逐渐适应周围温度后方可使用。

(6)作业前应检查电压是否满足工作要求。

全站仪坐标测量记录表见表 1-17。

表 1-17　全站仪坐标测量记录表

仪　器_____　　　　　天　气_____　　　　　日　期_____

观测者_____　　　　　记录者_____　　　　　检核员_____

测站点	前视点	水平角 /(° ′ ″)	方位角 /(° ′ ″)	平距 D /m	坐标		高程 H/m	备注
	后视点				X/m	Y/m		

教师批阅意见：

成绩：　　　　　　　　　　　　　　日期：

实验十三
全站仪坐标放样

一、目的与要求

(1)了解国产南方 NTS—330(310)系列全站仪的结构特点和显示格式。

(2)掌握 NTS—330 系列全站仪操作键、功能键的功能。

(3)掌握 NTS—330 系列全站仪的操作要领和使用方法。

(4)会独立使用 NTS—330 系列全站仪进行坐标放样。

二、设备、人员、学时

(1)设备：NTS—330(或其他型号)全站仪 1 台、反射棱镜 1 个、三脚架 1 个、对中杆1 个。

(2)人员：4 人一组。

(3)学时：4 学时。

三、内容与方法

(一)安置全站仪

(1)打开三脚架，安置于观测点上，并使架头大致水平，高度与观测者的身高相适应。打开仪器箱并取出全站仪，安放在架头上，旋紧中心螺旋。装上电池，打开电源开关。

(2)粗略对中。首先对光学对中器调焦，然后提起两只脚架腿，并移动脚架使对中器中心对准地面标志点。

(3)粗略整平。升降架腿高度，使照准部圆水准器气泡居中。

(4)精确整平。旋转脚螺旋使长水准器的气泡在互相垂直的方向上居中。

(5)精确对中。精确整平之后，检查对中是否偏离。若有偏离，松开中心连接螺旋，在架头上平移仪器(禁止旋转)，重新对准地面标志点。

(6)反复进行上述步骤(4)、(5)，直至对中、整平均达到要求。

(二)操作面板的认识

了解操作面板上各按键的作用，了解各显示符号的含义。可参照实验十二。

(三)全站仪坐标放样步骤

坐标放样原理如图 1-24 所示。在放样的过程中，有以下几步：

(1)选择坐标数据文件可进行测站坐标数据及后视坐标数据的调用。运行放样模式首先要选择一

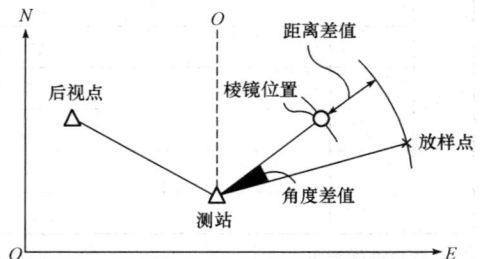

图 1-24 全站仪极坐标法放样

个坐标数据文件，用于测站以及放样数据的调用，同时也可以将新点测量数据存入所选定的坐标数据文件中。

当放样模式已运行时，可以按同样的方法选择文件，如图 1-25 所示。

操作过程	操作	显示
①由坐标放样菜单 2/2 按 F1（选择文件）键	F1	坐标放样　　　　(2/2)　　▦▭ F1：选择文件 F2：新点 F3：格网因子 ▲ 选择一个文件　　　　▦▭ FN： 回退　调用　字母
②按 F2（调用）键，显示坐标数据文件目录 * 1)	F2	文件调用　　　　▦▭ →&FN SOUTH . PTS 2K FN SOUTH1 . PTS 6K FN SOUTH2 . PTS 15K 查找　　上页　下页
③按 [▲] 或 [▼] 键可使文件表向上或向下滚动，选择一个工作文件 * 2)3)，按 ENT 键回车确认。返回到放样(2/2)	[▲] 或 [▼]	坐标放样　　　　(2/2)　　▦▭ F1：选择文件 F2：新点 F3：格网因子 ▼

* 1)如果要直接输入文件名，可按 F1(输入)键，然后输入文件名。
* 2)如果菜单文件已被选定，则在该文件名的右边显示一个 & 符号。

图 1-25　选择坐标文件操作

（2）设置测站点。设置测站点的方法有如下两种：

1）调用已存储的坐标数据文件中的坐标进行设置，如图 1-26 所示。

操作过程	操作	显示
①由坐标放样菜单（1/2）按 F1（输入测站点）键，即显示原有数据	F1	输入测站点　　　　▦▭ 点名：　　SOUTH 01 回退　调用　字母　坐标

图 1-26　调入已存储的坐标数据进行测站点的设置

操作过程	操作	显示
②输入点名，按 ENT 键回车确认	ENT	FN: FN SOUTH N: 152.258 m E: 376.310 m Z: 2.362 m >OK? [否] [是]
③按 F4(是)键，进入到仪高输入界面	F4	输入仪器高 仪高: 1.236 m 回退
④输入仪器高，显示屏返回到放样单(1/2)	输入仪高 ENT	坐标放样 (1/2) F1: 输入测站点 F2: 输入后视点 F3: 输入放样点 ▼

图 1-26 调入已存储的坐标数据进行测站点的设置(续)

2)直接键入坐标数据进行测站点的设置，如图 1-27 所示。

操作过程	操作	显示
①由放样菜单 1/2 按 F1 (输入测站点)键，即显示原有数据	F1	输入测站点 点名: SOUTH 01 回退 调用 字母 坐标
②按 F4 (坐标)键	F4	输入测站点 N: 156.987 m E: 232.165 m Z: 55.032 m 回退

图 1-27 直接键入坐标数据进行测站点的设置

操作过程	操作	显示
③输入坐标值按 ENT (回车)键，进入到仪高输入界面	输入坐标 ENT	输入仪器高 ▦ ▭ 仪高: ___ 1.220 m 回退
④按同样方法输入仪器高，显示屏返回到放样菜单1/2	输入仪高 ENT	坐标放样　　　(1/2)　▦ ▭ F1: 输入测站点 F2: 输入后视点 F3: 输入放样点 ▼

图 1-27　直接键入坐标数据进行测站点的设置(续)

(3)设置后视点，确定方位角。有以下三种后视点设置方法可供选用(图 1-28)：

1)利用内存中的坐标数据文件设置后视点(图 1-29)。

2)直接键入坐标数据(图 1-30)。

3)直接键入设置角。

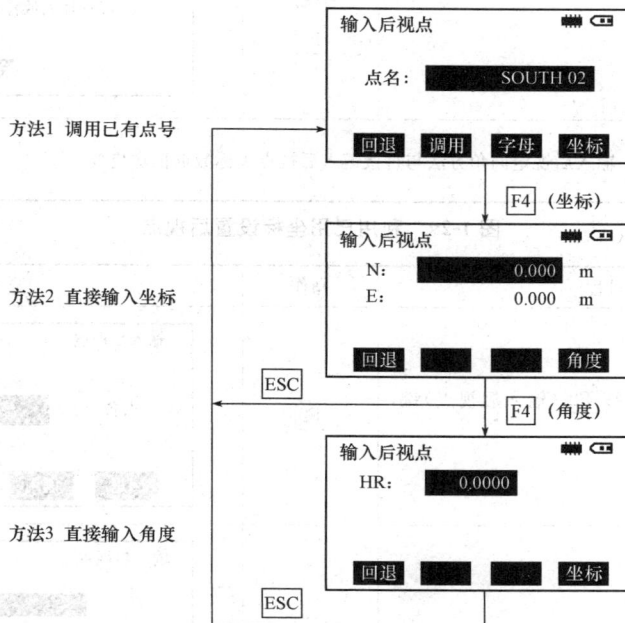

图 1-28　设置后视点的三种方法

操作过程	操作	显示
①由坐标放样菜单按 F2（输入后视点）键	F2	输入后视点　　　　　　　　　　 点名：　　　　　SOUTH 02 回退　　调用　　字母　　坐标
②输入点名 * 1)，按 ENT 键回车确认	输入 点名 ENT	FN: FN　SOUTH 　N:　　　　　　　103.210 m 　E:　　　　　　　21.963 m 　Z:　　　　　　　1.012 m >OK?　　　　　　[否]　　[是]
③按 F4(是)键，仪器自动计算，显示后视点设置界面	F4	PSM −30　PPM 4.6 照准后视点 　HB=125° 12′ 20″ >照准?　　　　　[否]　　[是]
④照准后视点，按 F4（是）键显示屏返回到坐标放样菜单 1/2	照准 后视点 F4	坐标放样　　　　(1/2) 　F1：输入测站点 　F2：输入后视点 　F3：输入放样点 　　　　　　▼

　* 1)每按一下 F4 键，输入后视定向角方法与直接键入后视点坐标数据依次更变。

图 1-29　利用已用坐标设置后视点

操作过程	操作	显示
①由坐标放样菜单 1/2 按 F2（输入后视点）键，即显示原有数据	F2	输入后视点　　　　　　　　　　 点名：　　　　　SOUTH 02 回退　　调用　　字母　　坐标
②按 F4（坐标）键	F4	输入后视点　　　　　　　　　　 　N:　　　　　　　0.000　　m 　E:　　　　　　　0.000　　m 回退　　　　　　　　　　角度

图 1-30　直接输入坐标设置后视点

操作过程	操作	显示
③输入坐标值按 ENT（回车）键	输入坐标 ENT	PSM -30　PPM 4.6 照准后视点 　HB=176°22′20″ >照准?　　　　　　[否]　[是]
④照准后视点	照准后视点	
⑤按 F4（是）键，显示屏返回到放样菜单(1/2)	照准后视点 F4	坐标放样　　　　(1/2) F1：输入测站点 F2：输入后视点 F3：输入放样点 ▼

图 1-30　直接输入坐标设置后视点(续)

（4）输入或调用所需的放样坐标，实施放样。放样点位坐标的输入有两种方法可供选择：

1）通过点号调用内存中的坐标值。

2）直接键入坐标值。

两种方法的具体操作如图 1-31 所示。

操作过程	操作	显示
①由坐标放样菜单(1/2)按 F3（输入放样点）键	F3	坐标放样　　　　(1/2) F1：输入测站点 F2：输入后视点 F3：输入放样点 ▼ 输入放样点 　点名：　　　　　SOUTH 19 回退　调用　字母　坐标
②输入点号，按 ENT（回车）键 * 1），进入镜高输入界面	输入点号 ENT	输入棱镜高 镜高　　　　　0.000　m 回退

图 1-31　实施放样

操作过程	操作	显示
③按同样方法输入反射镜高，当放样点设定后，仪器就进行放样元素的计算 HR：放样点的方位角计算值 HD：仪器到放样点的水平距离计算值	输入 镜高 ENT	PSM −30　PPM 4.6 放样参数计算 HR:　　155°30′20″ HD:　　122.568 m ［　］［　］［．］［继续］
④照准棱镜，按F4(继续)键 　HR：放样点方位角 　dHR：当前方位角与放样点位的方位角之差＝实际水平角－计算的水平角 　当 dHR＝0°00′00″时，即表明放样方向正确	照准	PSM −30　PPM 4.6 角度差调为零 HR:　　155°30′20″ dHR:　　0°00′00″ ［　］［距离］［坐标］［换点］
⑤按 F2 (距离)键 　HD：实测的水平距离 　dH：对准放样点相差的水平距离 　dZ＝实测高差－计算高差	F1	PSM −30　PPM 4.6 HD:　　169.355　m dH:　　−9.322　m dZ:　　0.336　m ［测量］［角度］［坐标］［换点］
⑥按 F1 (模式)键进行精测	F1	PSM −30　PPM 4.6 HD:*　　169.355　m dH:　　−9.322　m dZ:　　0.336　m ［测量］［角度］［坐标］［换点］
⑦当显示值 dHR，dHD 和 dZ 均为 0 时，则放样点的测设已经完成＊2)		PSM −30　PPM 4.6 HD:*　　169.355　m dH:　　0.000　m dZ:　　0.000 ［测量］［角度］［坐标］［换点］ PSM −30　PPM 4.6 角度差调为零 HR:　　155°30′20″ dHR:　　0°00′00″ ［　］［距离］［坐标］［换点］
⑧按 F3 (坐标)键，即显示坐标值，可以和放样点值进行核对	F3	PSM −30　PPM 4.6 N:　　236.352　m E:　　123.622　m Z:　　1.237　m ［测量］［角度］［　］［换点］

图 1-31　实施放样(续)

操作过程	操作	显示
⑨按 F4 (换点)键，进入下一个放样点的测设	F4	输入放样点 点名： 回退　调用　字母　坐标

*1)若文件中不存在所需的坐标数据，则无须输入点名，直接按(坐标)键输入放样坐标。

*2)通过按"距离"和"角度"可以对方样角度、距离进行切换。

图 1-31　实施放样(续)

四、实验注意事项

(1)使用前应结合仪器，仔细阅读使用说明书，熟悉仪器各零部件的功能和实际操作方法。

(2)望远镜的物镜不能直接对准太阳，以免损坏测距部的发光二极管。

(3)在阳光下作业时必须打伞，防止阳光直射仪器。

(4)关闭电源时，应确认仪器处于主菜单显示屏或角度测量模式，这样可以确保存储器输入、输出过程的完结，避免存储数据丢失。

(5)在记录新点数据时，应顾及内存可利用的存储空间。

全站仪坐标放样记录表见表 1-18。

表 1-18　全站仪坐标放样记录表

仪　器＿＿＿＿＿　　　　　　天　气＿＿＿＿＿　　　　　　日　期＿＿＿＿＿

观测者＿＿＿＿＿　　　　　　记录者＿＿＿＿＿　　　　　　检核员＿＿＿＿＿

测站点		X/m		Y/m		后视点	X/m	Y/m	方位角/(° ′ ″)		
序号	放样点点号	设计坐标		放样数据		实测坐标			偏差值		
		X/m	Y/m	方位角/(° ′ ″)	计算平距/m	X/m		Y/m	ΔX/mm	ΔY/mm	ΔD/mm

教师批阅意见：

成绩：　　　　　　　　　　　　　　日期：

实验十四 后方交会测量与面积测量

一、目的与要求

(1)掌握用全站仪进行后方交会测量建站的方法和过程。

(2)掌握用全站仪计算闭合图形面积的方法。

二、设备、人员、学时

(1)设备：每组1台南方NTS—330全站仪、1个三脚架、若干棱镜、1把测伞及铅笔、记录手簿、计算器等。

(2)人员：以小组为单位，每组3～4人，每人轮流操作仪器和记录读数。

(3)学时：2学时。

三、内容与方法

(一)后方交会测量

在新站上安置全站仪，最多可用7个已知点的坐标和这些点的测量数据计算新坐标，距离测量后方交会是测定两个或更多的已知点，已知点的最大夹角不能超过180°，如图1-32所示。

测站点坐标按最小二乘法解算（当使用距离测量作为后方交会时，若只观测2个已知点，则无需作最小二乘法解算）。实施后方交会如图1-33所示。

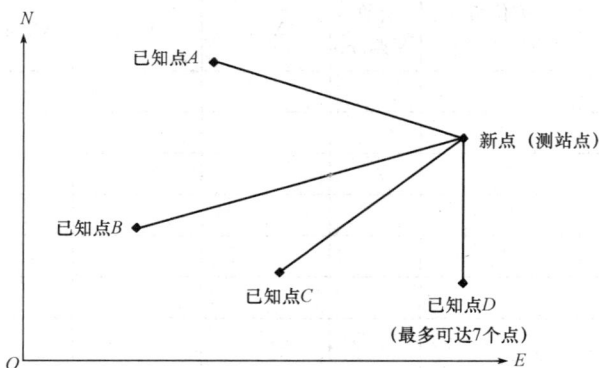

图1-32　后方交会示意

操作过程	操作	屏幕显示
①进入坐标放样菜单(1/2)按 F4 键(P↓)，进入坐标放样菜单(2/2)	F4	坐标放样　(2/2) F1：选择文件 F2：新点 F3：格网因子 ▲
②按 F2(新点)键	F2	新点 F1：极坐标法 F2：后方交会法
③按 F2(后方交会法)键	F2	选择一个文件 FN： 回退　调用　字母
④输入新点保存文件的文件名，按 ENT 键回车确认	输入文件名 ENT	后方交会法 点名：　DATA 02 编码： 回退　查找　字母　跳过
⑤输入新点名，按 ENT 键回车确认	输入点名 ENT	后方交会法 F1：距离后方交会
⑥按 F1(距离后方交会)键	F1	输入仪器高 仪高：　　　1.350　　m 回退
⑦输入仪器高，按 ENT 键回车确认	输入仪器高 ENT	No1# 点名： 回退　调用　字母　坐标

图 1-33　实施后方交会

操作过程	操作	屏幕显示
⑧输入已知点 A 的点名	输入点名 ENT	FN：FN SOUTH N: 103.210 m E: 21.963 m Z: 1.012 m >OK? [否] [是]
⑨按 F4(是)键，进入到棱镜高输入界面，输入棱镜高，按 ENT 键回车确认	F4 输入棱镜高 ENT	输入棱镜高 镜高： _ 1.220 m 回退 PSM −30 PPM 4.6 V: 95° 30′ 55″ HR: 155° 30′ 20″ HD* [N] m VD: m
⑩照准已知点 A，按 F1(测量)键	照准 A F1	No2# 点名： 回退 调用 字母 坐标
■进入已知点 B，按⑧～⑩步骤对已知点 B 进行测量，则显示后方交会残差	照准 B F1	后方交会残差 dHD: −0.001 m dZ: 0.004 m 下步 计算
■按 F1(下步)键，可对其他已知点进行测量，最多可达到 7 个点	F1	No3# 点名： 回退 调用 字母 坐标
■按⑧～⑩步骤对已知点 C 进行测量	照准 C F1	后方交会残差 dHD: −0.003 m dZ: 0.010 m 下步 计算

图 1-33 实施后方交会(续)

操作过程	操作	屏幕显示
■ 按 F4(计算)键，显示新点坐标	F4	PSM −30　　PPM　4.6 N:　　　　　　156.560 m E:　　　　　　262.203 m Z:　　　　　　23.112 m 记录?　　　　　[否]　[是]
■ 按 F4(是)键，新点坐标被存入坐标数据文件，将计算的新点坐标作为测站点坐标显示在新点菜单	F4	新点 　F1: 极坐标法 　F2: 后方交会法

注意:

1. 如果无须存储新点数据，可按 F3(跳过)键。

2. 如果需要键入已知坐标，可按 F3(坐标)键。

3. 残差:

dHD(两个已知点之间的平距)＝测量值－计算值;

dZ(由已知点 A 算出的新点 Z 坐标)－(由已知点 B 算出的新点 Z 坐标)。

4. 如在第⑤步按 F3(跳过)键，此时新点数据不被存入到坐标数据文件中，仅仅是将新点计算值替换为测站点坐标。

图 1-33　实施后方交会(续)

(二)面积测量

全站仪面积测量程序适合计算闭合图形的面积，面积计算有两种方法，分别是用坐标数据文件计算和用测量数据计算，下面仅介绍用测量数据计算面积的操作步骤，如图 1-34 所示。

操作过程	操作	屏幕显示
①按 M 键	M	菜单　　　　　　(1/2) 　F1: 数据采集 　F2: 测量程序 　F3: 内存管理 　F4: 设置 　　　　　　　▼
②按 F2(测量程序)键，进入测量程序	F2	测量程序　　　(1/2) 　F1: 悬高测量 　F2: 对边测量 　F3: 面积测量 　F4: Z坐标测量 　　　　　　　▼

图 1-34　实施面积测量

操作过程	操作	屏幕显示
③按 F3(面积测量)键	F3	面积测量　　　　🔋 F1：文件数据 F2：测量
④按 F2(测量)键	F2	PSM −30　PPM 4.6　　　🔋 数据个数　　　　0 S=　　　　　　　　m² 测量
⑤照准棱镜，按 F1(测量)键，进行测量	照准 P F1	PSM −30　PPM 4.6　　　🔋 N：　　　　112.258　m E：　　　　　6.369　m Z：　　　　　1.032　m 测量　　　　　　　确认
⑥按 F4 键确认	F4	PSM −30　PPM 4.6　　　🔋 数据个数　　　　1 S=　　　　　　　　m² 测量
⑦照准下一个点，按 F1(测量)键，连续测量 3 个点，即可显示面积	F1	PSM −30　PPM 4.6　　　🔋 数据个数　　　　3 S=　　　　125.693　m² 测量

注意：仪器自动处于连续测量模式。

图 1-34　实施面积测量(续)

四、限差及规定

(1)所计算的面积不能超过 200 000 m²。

(2)教师根据学生操作仪器的熟练程度、读数的正确性、所用时间及精度对成绩进行综合评定。

五、实验注意事项

(1)如果图形边界线相互交叉，则面积不能正确计算。

(2)面积计算所用的点数没有限制。

(3)全站仪面积测量程序适合计算闭合图形的面积。

对边测量与悬高测量

一、目的与要求

(1)知道什么是对边测量，掌握用全站仪进行对边测量的操作方法和过程。

(2)知道什么情况下需要进行悬高测量及用全站仪进行悬高测量的方法。

二、设备、人员、学时

(1)设备：每组 1 台南方全站仪、1 个三脚架、1 个棱镜、1 把测伞及铅笔、记录手簿、计算器等。

(2)人员：以小组为单位，每组 3~4 人，每人轮流操作仪器和记录读数。

(3)学时：2 学时。

三、内容与方法

(一)对边测量

测量两个目标棱镜之间的水平距离(dHD)、斜距(dSD)、高差(dVD)和水平角(HR)，也可直接输入坐标值或调用坐标数据文件进行计算，如图 1-35 所示。

(1)在测站点安置全站仪，在目标点 A、B、C 安置棱镜，对中、整平。

(2)用全站仪进行对边测量的具体实施步骤。对边测量模式有两种，分别是 MLM—1(A—B，A—C)：测量 A—B，A—C，A—D；MLM—2(A—B，B—C)：测量 A—B，B—C，C—D。

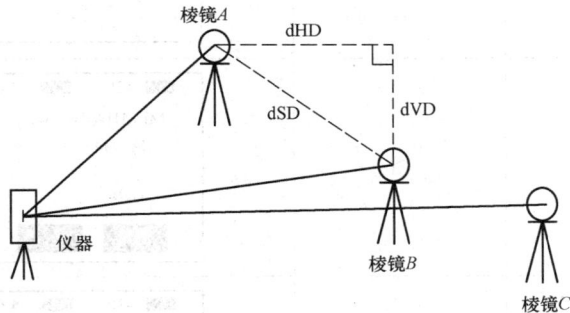

图 1-35 对边测量示意

下面以 MLM—1(A—B，A—C)模式为例说明具体操作步骤，MLM—2(A—B，B—C)模式的测量过程与 MLM—1 模式相同，如图 1-36 所示。

操作过程	操作	屏幕显示
①按 M 键	M	菜单 (1/2) F1：数据采集 F2：测量程序 F3：内存管理 F4：设置 ▼
②按 F2 键	F2	测量程序 (1/2) F1：悬高测量 F2：对边测量 F3：面积测量 F4：Z坐标测量 ▼
③按 F2 键	F2	选择一个文件 FN： 1 回退 调用 字母 坐标
④输入文件名	输入文件名	选择一个文件 FN： ABC_ 回退 调用 字母 坐标
⑤按 ENT 键回车确认	ENT	对边测量 F1：MLM1[A-B A-C] F2：MLM1[A-B A-C]
⑥按 F1 键	F1	PSM –30 PPM 4.6 MLM1[A-B A-C] <第一步> HD： m 测量 镜高 坐标
⑦照准棱镜 A，按 F1（测量）键显示仪器至棱镜 A 之间的平距（HD）	照准 A F1	PSM –30 PPM 4.6 MLM1[A-B A-C] <第一步> HD* 129.632 m 测量 镜高 坐标 设置

图 1-36　实施对边测量

操作过程	操作	屏幕显示
⑧按 F4（设置）键，棱镜的位置被确定，自动进入到第二步 B 点测量界面	F4	PSM −30　PPM　4.6 MLM1[A-B　A-C] 〈第二步〉 HD:　　　　　　　m 测量　镜高　坐标
⑨照准棱镜 B，按 F1（测量）键显示仪器至棱镜 B 之间的平距（HD）	照准 B F1	PSM −30　PPM　4.6 MLM1[A-B　A-C] 〈第二步〉 HD*　　　　　252.699 m 测量　镜高　坐标　设置
⑩按 F4（设置）键，显示棱镜 A 至棱镜 B 之间的方位角（HR）、平距（dHD）、斜距（dSD）、高差（dVD）	F4	MLM1[A-B　A-C] HR:　　　95° 30′ 55″ dHD:　　　139.698 m dVD:　　　56.982 m dSD:　　　151.913 m 　　　　　　　　　下点
▪按 F4（设置）键，测量 A－C 之间的距离	F4	PSM −30　PPM　4.6 MLM1[A-B　A-C] 〈第一步〉 HD:　　　　　　　m 测量　镜高　坐标
▪照准棱镜 C，按 F1（测量）键显示仪器至棱镜 C 之间的平距（HD）	照准 C F1	PSM −30　PPM　4.6 MLM1[A-B　A-C] 〈第二步〉 HD*　　　　　156.933 m 测量　镜高　坐标　设置
▪按 F4（设置）键，显示棱镜 A 至棱镜 C 之间的方位角（HR）、平距（dHD）、斜距（dSD）、高差（dVD）	F4	MLM1[A-B　A-C] HR:　　　15° 30′ 15″ dHD:　　　235.699 m dVD:　　　10.023 m dSD:　　　235.912 m 　　　　　　　　　下点
▪测量 A－D 之间的距离，重复操作步骤 ▪ ～ ▪		
按 ESC 键，可返回到上一个模式。		

图 1-36　实施对边测量（续）

（二）悬高测量（REM）

为了得到不能放置棱镜的目标点高度，只需将棱镜架设于目标点所在铅垂线上的任一点，然后进行悬高测量。下面只介绍需输入棱镜高的悬高测量步骤，如图 1-37、图 1-38 所示。

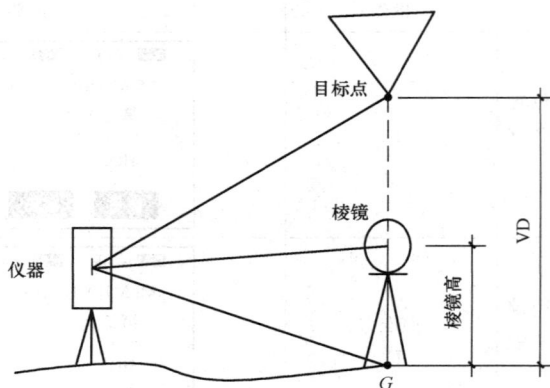

图 1-37　悬高测量示意

操作过程	操作	屏幕显示
①按 M 键	M	菜单　　　　　　(1/2) F1：数据采集 F2：测量程序 F3：内存管理 F4：设置 ▼
②按 F2 键，进入测量模式	F2	测量程序　　　　(1/2) F1：悬高测量 F2：对边测量 F3：面积测量 F4：Z坐标测量 ▼
③按 F1 键，进入悬高测量模式	F1	测量程序 F1：输入镜高 F2：无需镜高
④按 F1 键	F1	PSM −30　　PPM　4.6 悬高测量-1 〈第一步〉 镜高：＿　　　　0.000　m 回退
⑤输入棱镜高	ENT	PSM −30　　PPM　4.6 悬高测量-1 〈第一步〉 镜高：1.25＿　　　　m 回退

图 1-38　实施悬高测量

操作过程	操作	屏幕显示
⑥照准棱镜	照准 P	PSM −30　PPM 4.6 悬高测量-1 <第二步> HD:　　　　m 测量
⑦按 F1（测量）键，显示仪器至棱镜之间的水平距离（HD）	F1	PSM −30　PPM 4.6 悬高测量-1 <第二步> HD*　　123.650 m 测量
⑧按 F4（设置）键，棱镜的位置被确定	F4	PSM −30　PPM 4.6 悬高测量-1 VD:　　12.792 m 镜高　平距
⑨照准目标 K，屏幕显示垂直距离	照准 K	PSM −30　PPM 4.6 悬高测量-1 VD:　　19.282 m 镜高　平距

提示：按 F2（镜高）键可返回步骤⑤，按 F3（平距）键可返回步骤⑥，按 ESC 键，可返回测量程序菜单。

图 1-38　实施悬高测量（续）

四、限差及规定

（1）悬高测量时，必须确保棱镜架在目标点所在的铅垂线上。

（2）教师根据学生操作仪器的熟练程度、读数的正确性、所用时间及精度综合评定成绩。

五、实验注意事项

（1）全站仪电池需提前充好电或准备备用电池。

（2）在进行数据采集时，切记不可在开机状态下拔出电池，否则将造成测量数据丢失。

（3）若使用棱镜常数不是−30 的配套棱镜，必须设置相应的棱镜常数。一旦设置棱镜常数，关机后常数仍被保存。

实验十六　全站仪的检验

一、目的与要求

(1)掌握全站仪的主要轴线之间应该满足的几何关系。

(2)掌握全站仪(以南方 NTS－310/330 系列为例)基本项目检验与校正方法。

二、设备、人员、学时

(1)设备：每组 1 套全站仪(含仪器操作手册)、1 个三脚架、1 根校正针、1 把小螺丝刀及铅笔、记录表格等。

(2)人员：以小组为单位，每组 3～4 人，每人轮流操作仪器和记录读数。

(3)学时：2 学时。

三、内容与方法

1. 长水准器

(1)检验。

1)松开水平制动螺旋，转动仪器，使管水准器平行于某一对脚螺旋 A、B 的连线。再旋转脚螺旋 A、B，使管水准器气泡居中。

2)将仪器绕竖轴旋转 $90°$，再旋转另一个脚螺旋 C，使管水准器气泡居中。

3)再次旋转 $90°$，重复步骤 1)、2)，直至 4 个位置上的气泡均居中。检验时，若长水准器的气泡偏离了中心，则需要校正。

(2)校正。

1)校正时，先用与长水准器平行的脚螺旋进行调整，使气泡向中心偏移近一半的距离。剩余的一半用校正针转动水准器校正螺丝(在水准器右边)进行调整，直至气泡居中。

2)将仪器旋转 $180°$，检查气泡是否居中。如果气泡仍不居中，重复步骤 1)，直至气泡居中。

3)将仪器旋转 $90°$，用第 3 个脚螺旋调整气泡居中。重复检验与校正步骤，直至照准部转至任何方向气泡均居中为止。

2. 圆水准器

(1)检验。长水准器检校正确后，若圆水准器气泡亦居中就不必校正。

(2)校正。若气泡不居中，用校正针或内六角扳手调整气泡下方的校正螺丝使气泡居中。校正时，应先松开气泡偏移方向对面的校正螺丝(1 个或 2 个)，然后拧紧偏移方向的其余校正螺丝使气泡居中。气泡居中时，3 个校正螺丝的紧固力均应一致。

3. 倾斜传感器零点误差检校(仅 NTS－330 R 型全站仪)

当仪器精确整平后，倾角的显示值应接近零，否则存在倾斜传感器零点误差，会对测量成果造成影响。

(1)检验。

1)精确整平仪器。

2)将水平方向置零。

3)进入校正模式，按 F1 键进入到零点误差校正屏幕，显示 X 和 Y 方向上的当前改正值，如图 1-39 所示。

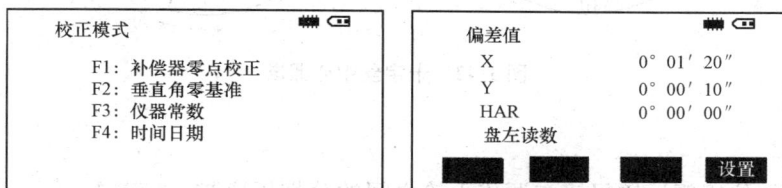

图 1-39　校正模式

4)稍候片刻，等显示稳定后读取自动补偿倾角值 X_1 和 Y_1。

5)旋转照准部 180°，等读数稳定后读取自动补偿倾角值 X_2 和 Y_2，如图 1-40 所示。

6)按下面的公式计算倾斜传感器的零点偏差值：

$$X \text{方向的偏差} = (X_1 + X_2)/2$$
$$Y \text{方向的偏差} = (Y_1 + Y_2)/2$$

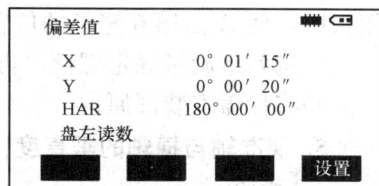

图 1-40　读取自动补偿倾角值

(2)校正。如果所计算的偏差值都在 ±20″ 以内则不需校正，否则按下述步骤进行校正：

1)在检验第 6)步中按 F4(设置)键并将水平角值置零，屏幕显示盘右读数。

2)旋转照准部使 HAR 为 0°00′00″，稍等片刻按 F4(设置)键存储 X_1 和 Y_1 的值。屏幕显示出 X 和 Y 方向上的原改正值和新改正值。

3)确认校正改正值是否在校正范围内，如果 X 值和 Y 值均在 400±30 校正范围内，按 F4(是)键对改正值进行更新并返回到校正菜单进行下一步骤，如果超出上述范围，按 F3(否)键退出校正操作，并与仪器销售商进行联系，如图 1-41 所示。

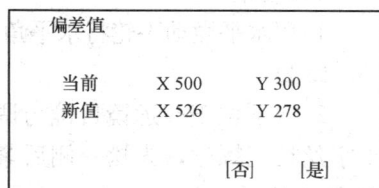

图 1-41　校正的改正值

4)按照检验的 1)~6)步骤重新进行检验，如果检查结果在 ±20″ 之内，则校正完毕，否则要重新进行校正，如果校正 2~3 次仍然超限，请与仪器销售商联系。

4. 望远镜分划板

(1)检验。

1)整平仪器后在望远镜视线上选定一目标点 A，用分划板十字丝中心照准 A 点并固定水平和垂直制动手轮，如图 1-42 所示。

2)转动望远镜垂直微动手轮，使 A 点移动至视场的边沿(A' 点)。

3)若 A 点是沿十字丝的竖丝移动，即 A' 点仍在竖丝之内，则十字丝不倾斜不必校正。

如图 1-42 所示，A' 点偏离竖丝中心，则十字丝倾斜，需对分划板进行校正。

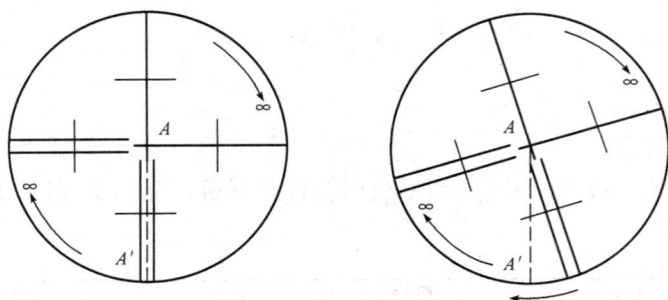

图 1-42　十字丝中心照准

（2）校正。

1）首先取下位于望远镜目镜与调焦手轮之间的分划板座护盖，便看见 4 个分划板座固定螺丝，如图 1-43 所示。

2）用螺丝刀均匀地旋松该 4 个固定螺丝，绕视准轴旋转分划板座，使 A' 点落在竖丝的位置上。

3）均匀地旋紧固定螺丝，再用上述方法检验校正结果。

4）将护盖安装回原位。

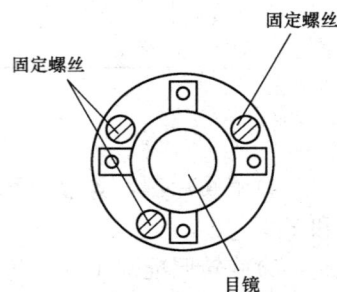

图 1-43　分划板固定螺丝

5. 视准轴与横轴的垂直度（$2C$）

（1）检验。

1）在距离仪器同高的远处设置目标 A，精确整平仪器并打开电源。

2）在盘左位置将望远镜照准目标 A，读取水平角（例：水平角 $L=10°13'10''$）。

3）松开垂直及水平制动螺旋，旋转望远镜及照准部使盘右照准同一点（A 点），照准前应旋紧水平及垂直制动螺旋，读取水平角（例：水平角 $R=190°13'40''$）。

4）$2C=L-(R\pm180°)=-30''\geqslant\pm20''$，需校正。

（2）校正。

1）用水平微动手轮将水平角读数调整到消除 C 后的正确读数：$R+C=190°13'40''-15''=190°13'25''$。

2）取下位于望远镜目镜与调焦手轮之间的分划板座护盖，调整分划板上水平左右 2 个十字丝校正螺丝，先松一侧后紧另一侧的螺丝，移动分划板使十字丝中心照准目标 A，如图 1-44 所示。

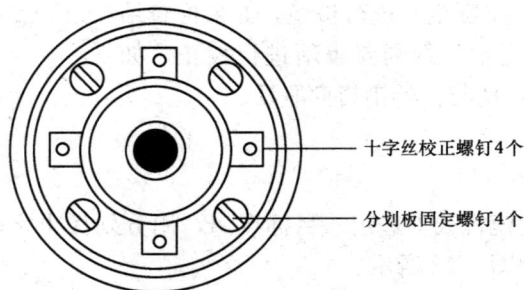

十字丝校正螺钉4个

分划板固定螺钉4个

图 1-44　移动分划板使十字丝瞄准

3）重复检验步骤，校正至｜2C｜＜20″符合要求为止。

4）将护盖安装回原位。

6. 竖盘指标零点自动补偿

（1）检验。

1）安置和整平仪器后，使望远镜的指向与仪器中心和任一脚螺旋X的连线一致，旋紧水平制动手轮。

2）开机后指示竖盘指标归零，旋紧垂直制动手轮，仪器显示当前望远镜指向的竖直角值。

3）朝一个方向慢慢转动脚螺旋X至 10 mm 圆周距左右时，显示的竖直角相应随着变化到消失出现"补偿超限"信息，表示仪器竖轴倾斜已大于$3'$，超出竖盘补偿器的设计范围。当反向旋转脚螺旋复原时，仪器复现竖直角，在临界位置可反复实验观察其变化，表示竖盘补偿器工作正常。

（2）校正。当发现仪器补偿失灵或异常时，应送厂检修。

7. 竖盘指标差（i角）和竖盘指标零点的设置

在完成"3."和"4."的检校后再检验本项目。

（1）检验。

1）安置整平好仪器后开机，将望远镜照准任一清晰目标A，得竖直角盘左读数L。

2）转动望远镜再照准A，得竖直角盘右读数R。

3）若竖直角天顶为$0°$，则$i＝(L＋R－360°)/2$；若竖直角水平为$0°$，则$i＝(L＋R－180°)/2$ 或$(L＋R－540°)$。

4）若｜i｜≥$10″$，则需对竖盘指标零点重新设置。

（2）校正。

1）整平仪器后，进入设置菜单（2/2）下的校正模式，如图 1-45 所示。

2）按 F2 键，在盘左水平方向附近上下转动望远镜，待上行显示出竖直角后，转动仪器精确照准与仪器同高的远处任一清晰稳定目标A，显示如图 1-46 所示。

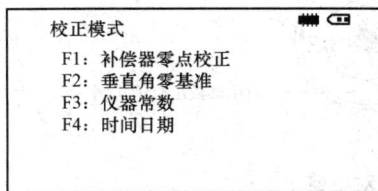

图 1-45　设置菜单（2/2）下的校正模式

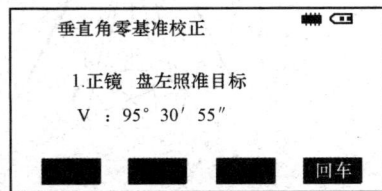

图 1-46　读数一

3）按 F4 键，旋转望远镜，盘右精确照准同一目标A，按 F4 键，设置完成，仪器返回测角模式。显示如图 1-47所示。

4）重复检验步骤，重新测定指标差（i角）。若指标差仍不符合要求，则应检查校正（指标零点设置）三个步骤的操作是否有误、目标照准是否准确等，按要求再重新进行设置。

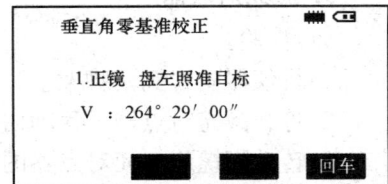

图 1-47　读数二

5)经反复操作仍不符合要求时，应送厂检修。

若新置入的 i 角值与仪器原先的 i 角值相差 $1'$ 以上，需强制置入 i 角。方法：在步骤3)盘右精确照准同一目标 A 后按 F1(设置)键。

零点设置过程中所显示的竖直角是没有经过补偿和修正的值，只供设置中参考，不能作他用。

8. 光学对中器

(1)检验。

1)将仪器安置到三脚架上，在一张白纸上画一个十字交叉并放在仪器正下方的地面上。

2)调整好光学对中器的焦距后，移动白纸使十字交叉位于视场中心。

3)转动脚螺旋，使对中器的中心标志与十字交叉点重合。

4)旋转照准部，每转90°，观察对中点的中心标志与十字交叉点的重合度。

5)如果照准部旋转时，光学对中器的中心标志一直与十字交叉点重合，则不必校正。否则需按下述方法进行校正。

(2)校正。

1)将光学对中器目镜与调焦手轮之间的改正螺丝护盖取下。

2)固定好十字交叉白纸并在纸上标记出仪器每旋转90°时对中器中心标志落点，如图 1-48 所示的 A、B、C、D 点。

3)用直线连接对角点 AC 和 BD，两直线交点为 O。

4)用校正针调整对中器的4个校正螺丝，使对中器的中心标志与 O 点重合。

5)重复检验步骤4)，检查校正至符合要求。

6)将护盖安装回原位。

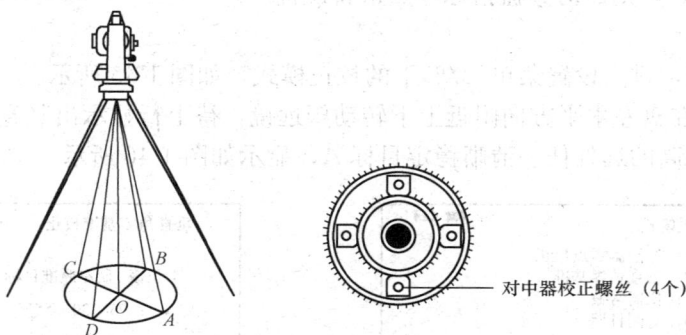

图 1-48　光学对中器

9. 激光对点器

(1)检验。

1)将仪器安置到三脚架上，在一张白纸上画一个十字交叉并放在仪器正下方的地面上。

2)打开激光对点器，移动白纸，使十字交叉位于光斑中心。

3)转动脚螺旋，使对点器的光斑与十字交叉点重合。

4)旋转照准部，每旋转90°，观察对点器的光斑与十字交叉点的重合度。

5)如果照准部旋转时，激光对点器的光斑一直与十字交叉点重合，则不必校正。否则需按下述方法进行校正。

(2)校正。

1)将激光对点器护盖取下。固定好十字交叉白纸并在纸上标记出仪器每旋转90°时对点器光斑落点，如图1-48所示的 A、B、C、D 点。

2)用直线连接对角点 AC 和 BD，两直线交点为 O。

3)用内六角扳手调整对中器的4个校正螺丝，使对中器的中心标志与 O 点重合。

4)重复检验步骤3)，检查校正至符合要求。将护盖安装回原位。

10. 仪器常数（K）

仪器常数在出厂时进行了检验，并在机内作了修正，使 $K = 0$。仪器常数很少发生变化，建议此项检验每年进行 $1 \sim 2$ 次。此项检验适合在标准基线上进行，也可以按下述简便的方法进行：

（1）检验。

1)选一平坦场地，在 A 点安置并整平仪器，用竖丝仔细在地面标定同一直线上间隔 50 m 的 B、C 两点，并准确对中地安置反射棱镜，如图1-49所示。

2)仪器设置了温度与气压数据后，精确测出 AB、AC 的平距。

3)在 B 点安置仪器并准确对中，精确测出 BC 的平距。

4)可以得出仪器测距常数：$K = AC - (AB + BC)$，K 应接近0，若 $|K| > 5$ mm 应送标准基线场进行严格的检验，然后依据检验值进行校正。

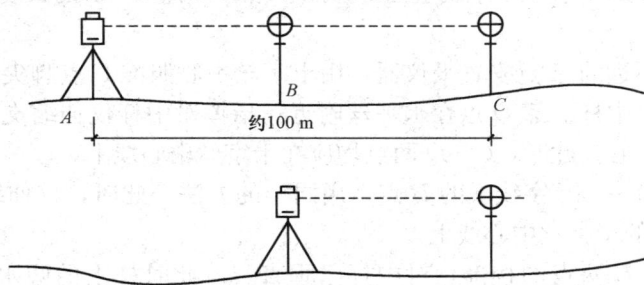

图1-49　仪器常数的检验与校正

（2）校正。经严格检验证实仪器常数 K 不接近0，已发生变化，如需进行校正，将仪器加常数按综合常数 K 值进行设置，在主菜单(2/2)的校正模式下按F3键进行仪器常数 K 的设置。

应使用仪器的竖丝进行定向，严格使 A、B、C 三点在同一直线上。B 点地面要有牢固清晰的对中标记。

检查 B 点棱镜中心与仪器中心是否重合一致，是保证检测精度的重要环节。因此，最好在 B 点用三脚架和两者能通用的基座。用三爪式棱镜连接器及基座互换时，三脚架和基座保持固定不动，仅换棱镜和仪器的基座以上部分，这样可减少不重合误差。

11. 视准轴与发射电光轴的平行度

视准轴与发射电光轴的平行度检验与校正如图1-50所示。

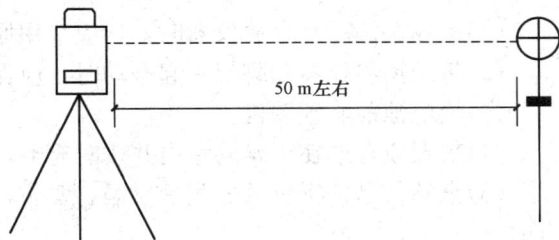

图1-50　视准轴与发射电光轴的平行度检验与校正

(1)检验。

1)在距仪器 50 m 处安置反射棱镜。

2)用望远镜十字丝精确照准反射棱镜中心。

3)打开电源，进入测距模式，按 MEAS 键作距离测量，左右旋转水平微动手轮，上下旋转垂直微动手轮，进行电照准，通过测距光路畅通信息闪亮的左右和上下区间，找到测距发射电光轴的中心。

4)检查望远镜十字丝中心与发射电光轴照准中心是否重合，如基本重合即可认为合格。

(2)校正。如望远镜十字丝中心与发射电光轴中心偏差很大，则需送专业修理部门校正。

12. 基座脚螺旋

如果脚螺旋出现松动现象，可以调整基座上调整脚螺旋用的两个校正螺丝，拧紧螺丝直到合适的压紧力度为止。

13. 反射棱镜有关组合件

(1)反射棱镜基座连接器。应对基座连接器上的长水准器和光学对中器进行检验，其检校方法见"1."和"8."。

(2)对中杆垂直。在 C 点划"十"字，对中杆下尖立于 C 点，在整个检验过程中不要移动，两支脚 e 和 f 分别支于"十"字线上的 E 点和 F 点，调整 e、f 的长度，使对中杆圆水准器气泡居中。

在"十"字线上不远的 A 点安置平仪器，用十字丝中心照准 C 点脚尖，固定水平制动手轮，上仰望远镜使对中杆上部 D 点在水平丝附近，指挥对中杆仅伸缩支脚 e，使 D 点左右移动至照准十字丝中心。此时，C、D 两点均应在十字丝中心线上。

将仪器安置到另一"十"字线上的 B 点，用同样的方法，此时，仅伸缩支脚 f 令对中杆的 D 点重合到 C 点的十字丝中心线上。

经过仪器在 A、B 两点的校准，对中杆已垂直，若此时杆上的圆水准气泡偏离中心，则调整圆水准器下边的 3 个改正螺丝使气泡居中，方法见"2."。

再作一次检校，直至对中杆在两个方向上都垂直，且圆气泡亦居中为止。

四、限差及规定

(1)限差要求详见各检验项目。

(2)一些项目需送专业修理部门进行检验和校正。

五、实验注意事项

(1)运输、搬动和存放仪器时，均应采用原装包装。

(2)近距离将仪器和脚架一起搬动时，应保持仪器竖直向上。

(3)换电池前必须关机。

(4)仪器应存放在干燥的室内并按时充电，充电时应使周围温度保持在 0 ℃～±45 ℃。

(5)全站仪是精密贵重的测量仪器，要防日晒、防雨淋、防碰撞震动。严禁仪器被太阳直射。

GNSS 接收机的认识和使用

（1）巩固 GNSS 理论知识，理解 GNSS 原理。

（2）熟悉并掌握 GNSS 测量的作业程序及测量方法。

（3）掌握 GNSS 内业数据处理方法。

（1）设备：GNSS 接收机、三脚架、基座、卷尺。

（2）人员：3～4 人一组，每人轮流进行观测练习。

（3）学时：2 学时。

1. GNSS 网型设计（可设计成三角形网）

GNSS 网型设计结构如图 1-51 所示。

2. 设计观测流程并计算特征条件

（1）建立 E 级 GPS 网，每组 4 台 GNSS 接收机同步观测。

（2）组长分配 4 台接收机的架立点位和时段。

（3）每时段应大于 1.6 小时。

（4）注意应与已知起算点位联测。

（5）特征条件计算。

n 为 GPS 网中点的总数，N 为接收机个数，m 为每点观测时段数。GPS 观测时段数按照 $C=m \cdot n/N$ 进行计算。

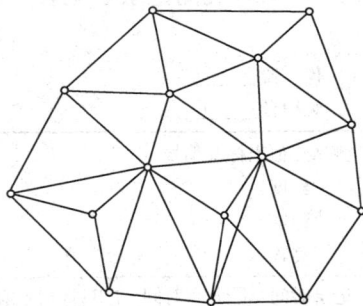

图 1-51　GNSS 网型设计结构

GPS 网型的特征条件按照下式计算：

总基线数 $J_总$：　　　　　$J_总 = C \cdot N \cdot (N-1)/2$

必要基线数 $J_必$：　　　　$J_必 = n-1$

独立基线数 $J_独$：　　　　$J_独 = C \cdot (N-1)$

多余基线数 $J_多$：　　　　$J_多 = C \cdot (N-1) \cdot (n-1)$

3. 进行静态观测

（1）安置 GNSS 接收机，在各观测时段的前后各量取天线高一次。两次量高之差不应大于 3 mm。取平均值作为最后天线高。若互差超限，应查明原因，提出处理意见，记入观测记录。

（2）打开接收机开关，各接收机的观测员应按观测计划规定的时间作业，确保同步观测同一组卫星。接收机开始记录数据后，观测员应使用功能键和选择菜单，注意查看测站信息、接收卫星数量、卫星号、各通道信噪比、相位测量残差、实时定位的结果及其变化和存储介质记录等情况。

（3）在一个观测时段中，接收机不得关闭并重新启动；不准改变卫星高度角的限值和天线高；观测员应注意防止接收设备震动，更不得移动；不得碰动天线或阻挡信号。

（4）经检查所有作业项目均按规定完成并符合要求，方可迁站。

四、限差及规定

GNSS 接收机限差及规定见表 1-19。

表 1-19　GNSS 接收机限差及规定

项目	级别			
	B	C	D	E
卫星截止高度角/（°）	10	15	15	15
同时观测有效卫星数	≥4	≥4	≥4	≥4
有效观测卫星总数	≥20	≥6	≥4	≥4
观测时段数	≥3	≥2	≥1.6	≥1.6
时段长度	≥24 h	≥4 h	≥60 min	≥60 min
采样间隔/s	30	10～30	5～15	5～15

五、实验注意事项

（1）打开接收机应完全按照设计时间进行操作。

（2）数据接收期间严禁移动仪器。

GNSS 观测记录表见表 1-20。

表 1-20　GNSS 观测记录表

仪　器_____　　　　　　　　天　气_____　　　　　　　日　期_____

观测者_____　　　　　　　　记录者_____　　　　　　　检核员_____

测站近似坐标及编号：
经度：
纬度：
高程：

记录时间：□北京时间　□UTC　□区时
开始时间：_____　　　　　　　　　　　　　　　　　结束时间_____

接收机型号：
天线高/m：1. _____　　2. _____　　3. _____　　平均值_____

天线高量取方式略图：	测站略图及障碍物情况：

观测状况记录：
1. 电池电量：
2. 接收卫星信号：
3. 采样间隔：
4. 卫星高度角：
5. 故障情况：

备注：

教师批阅意见：

成绩：　　　　　　　　　　　　　　日期：

GNSS－RTK 的碎部测量与放样

一、目的与要求

(1)了解 GNSS－RTK 的测量原理。

(2)掌握 RTK 的测量方法和操作步骤。

(3)掌握 RTK 的放样方法和操作步骤。

二、设备、人员、学时

(1)设备：GNSS 接收机、三脚架、对中杆、电子手簿各 1 个。

(2)人员：3～4 人一组，每人轮流进行观测练习。

(3)学时：2 学时。

三、内容与方法

1. GNSS－RTK 的碎部测量

(1)架设基准站，通过电子手簿进行基准站设置。

(2)组装流动站，通过电子手簿进行流动站设置。

(3)新建项目，并设置地图投影、坐标系统。

(4)进行点校正(至少做 3～4 个点)。

(5)对校正后点位进行检核。

(6)对待测碎部点进行测量并记录。

(7)导出测量数据。

2. GNSS－RTK 放样

(1)仪器安置同碎部测量。

(2)新建任务，输入已知放样数据。

(3)待固定解后进行点放样。

四、限差及规定

GNSS—RTK 的限差及规定见表 1-21。

表 1-21　GNSS—RTK 的限差及规定

观测状态	卫星数	高度角	PDOP
基本条件	≥5	20°以上	≤5

五、实验注意事项

(1)基准站禁止随意移动。

（2）基站与流动站的电台号、波特率应设置一致。

（3）基准站应架立在远离水域、高压线等地区，要求对空通视。

（4）流动站应注意防止触电，避免在雷雨天气工作。

（5）RTK测量时，流动站水准气泡应大致居中。

（6）当观测条件固定时，才可进行观测记录。

第二部分
测量集中实训指导书

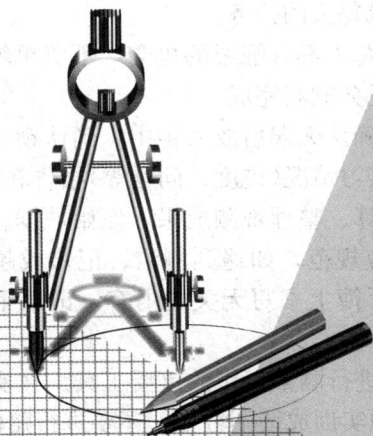

工程测量集中实训须知及注意事项

(1)测量综合实训是在实训场地集中进行综合性训练的实践性教学环节。应养成独立工作和解决实际问题的能力，严肃认真、实事求是、一丝不苟的工作作风和吃苦耐劳、爱护仪器用具、团结协作的职业道德。

(2)在进行测量综合实训之前，必须复习教材中的相关内容，并认真、仔细地阅读此部分内容。实训时应携带本书，以便随时进行参考，提高实训效率。

(3)实训分实习小组进行，组长配合实习指导教师负责全面的实训组织及协调工作，办理实训期间所用仪器工具的借领、使用、保护及归还工作。小组成员应分工明确、团结协作，组长协调好各成员的任务，做到紧张有序。

(4)实训的各项内容应在规定的时间进行并完成，不得推迟任务完成的时间，学生在实训期间按正常作息时间进行所分配的实习工作，不得无故迟到、早退，严格请假、销假制度，缺勤达到1/3者实训成绩不及格。

(5)实训外业观测和记录应客观、真实，符合相关项目应满足的精度要求。绝对禁止为完成任务而伪造数据。

(6)在实训期间，应遵守纪律和法律法规，爱护实习基地的花草树木和各种公共设施。实训内容实施过程中应严格遵守测量实训须知中的相关规定。

二、测量实训注意事项

(1)测量实训过程中要严格遵守学校的各种规章制度和纪律，不得无故缺席，可根据天气调整工作时间，但要保质、保量地完成每天的任务。

(2)组长要切实负责、合理安排，使每人都有练习的机会，不要单纯追求进度。组员之间应团结协作、密切配合，以确保实习任务顺利完成。

(3)每天收工前，要认真清查仪器，确认无误后放入柜中，确认锁好后方可离开。组长要每天将出勤情况(可采用签到形式)及实习情况(进度、问题等)报告教师。

(4)每完成一项测量任务，要及时计算、整理观测成果，原始数据、资料、成果应妥善保存，不得丢失。实训过程中记录计算应规范，如遇到测错、记错或超限，应按规定方法改正。应保持测量手簿的整洁，严禁在手簿上书写无关的内容，记录手簿不应缺页，更不得丢失。

(5)测量仪器是学校的宝贵财产，是进行测量工作的重要工具。在实习过程中，应对仪器和工具加倍爱护，如有损坏或遗失，则实训成绩不合格，还要进行赔偿。

(6)在野外作业过程中应注意人身安全。同时，小组成员应相互配合，培养团队合作、吃苦耐劳的精神。

任务一

小区域控制测量

一、实训目的

(1)通过实训巩固加深对控制测量内容的理解。

(2)掌握水准仪、经纬仪及全站仪的使用。

(3)掌握导线测量的外业施测方法与过程以及内业工作内容。

(4)掌握水准测量的外业施测与内业数据处理的过程及方法。

(5)培养学生解决实际问题的能力以及实事求是、团结协作的工作作风。

二、实训内容与时间安排

实训时间安排见表 2-1。

表 2-1　实训时间安排(2 周)

序号	内容		时间/天
1	实习动员、任务安排、领取仪器、仪器检验		1
2	控制测量	图根导线(经纬仪及全站仪)、四等水准测量	5
		内业讲解及计算	1
3	全站仪导线坐标测量		2
4	操作考核		0.5
5	整理资料上交,归还仪器		0.5
合计			10

三、实训设备与人员

(1)设备:DS3 水准仪 1 套,包括水准仪 1 台、水准尺 1 副、尺垫 1 对、三脚架 1 个;DJ6 经纬仪 1 套,包括经纬仪 1 台、测钎及花杆、三脚架 1 个;选点工具,包括锤子 1 把、钢钉若干、记号笔等;相应的记录表格若干。

(2)人员:以小组为单位,每组 7~8 人,设组长和副组长各一名。

四、实训过程与技术要求

(一)图根导线测量

选取校园作为测区,根据事先建立的测区首级控制网,分发给每小组控制点成果表及测区地形图,为实习小组提供图根控制测量选点、观测、计算的依据。各小组在此基础上建立小组测图范围的图根控制网。下面以图根导线为例,说明图根控制的方法。图根导线的测量内容分为外业工作和内业计算两部分。

1. 图根导线外业工作

(1)踏勘选点。各小组在指定的测区进行踏勘，根据测区的地形条件及测图要求确定布网方案。导线点要选在安全、稳定、视野开阔的位置，相邻点之间要通视，以便于测角及测距。导线各边长应大致相同，点位用钉子或木桩标志，在点旁固定地物上使用记号笔或油漆注明点号，导线点应分等级统一编号，可采用"专业＋组号＋序号"的形式，以便于后续测量资料的整理。为了测角，既是左角也是内角的，可将闭合导线点按逆时针方向编号。要求每两个小组选一套点，注意选好点后随即做点标记。

(2)导线转折角测量。对导线的转折角可以用经纬仪或者全站仪采用测回法进行观测，在闭合导线中均测内角，对于图根导线一般采用 DJ6 经纬仪测一个测回，若盘左、盘右测得的角值之差不超过 40″，取盘左、盘右平均值作为最后的观测值。为了锻炼学生操作仪器的熟练度，要求每人对本小组的导线观测 3 个内角，每个内角观测 2 个测回，同时要求半测回互差≤±36″，测回间互差≤±24″。

(3)导线边长测量。图根导线的边长可用全站仪或者检定过的钢尺测量。对于图根导线，量距采用钢尺的一般方法是用目估法定线，往返丈量，要求相对误差不大于 1/3 000，困难地区也不低于 1/2 000。若用全站仪测距，要求采用精测 4 次的平均值，相对误差 1/6 000。公用一套点的两小组，各小组测自己的边长。

(4)联测。为了使导线定位及获得已知的坐标，将导线与高等级控制点(首级控制网点)进行联测，可以用经纬仪或者全站仪按测回法观测连接角，用钢尺或者全站仪进行测距。如果附近没有已知点，可用罗盘仪施测导线起始边的磁方位角，并由教师给出假定的起始点坐标作为起算数据。

2. 图根导线内业计算

在进行导线内业计算之前，应全面检查导线测量的外业记录是否有遗漏或记错，对于不符合限差要求的观测量要分析其原因，必要时应重新返工测量。

导线的内业计算即由已知控制点和联测数据计算各导线点坐标，要求学生每人单独计算一套闭合导线点的坐标，内业计算之前应绘出导线略图，填写相应点号、已知点坐标、边长及角度观测值。下面以闭合导线为例，计算步骤如下：

(1)根据略图在计算表格中填写已知数据和观测数据。

(2)角度闭合差的计算及调整。

要求：角度闭合差不大于 $\pm 60″\sqrt{n}$ ，n 为内角个数。

满足要求才可以进行下一步角度闭合差的调整。

原则：角度闭合差按"反符号均分"原则进行调整。

对于闭合导线而言，调整后的角度闭合差应该为零。

(3)用改正后的导线转折角推算导线各边的坐标方位角。对于闭合导线而言，最后应推算回起始边的坐标方位角，其推算值应与原起始边的坐标方位角值相等。

(4)坐标增量的计算及闭合差的调整。

要求：对钢尺量距导线，导线全长的相对闭合差要不大于 1/2 000。

对光电测距导线，导线全长的相对闭合差要不大于 1/4 000。

满足要求才可以进行下一步的坐标增量闭合差的调整。

原则：纵、横坐标增量闭合差按"反符号按边长成正比"的原则进行调整。

对于闭合导线而言，调整后的纵、横坐标增量的代数和应分别为零。

（5）计算导线各点的坐标。对于闭合导线而言，最后推算出起点的坐标与原数值相等。

（二）四等水准测量

高程控制点可与平面控制点共用一套点，采用四等水准测量，组成闭合路线，引测到平面控制点桩顶。

1. 注意事项

四等水准测量中要注意如下几点：

（1）最大允许视距不应超过 100 m，前、后视距之差 d 不大于 ± 5 mm。

（2）前、后视距累积差 $\sum d$ 不大于 ± 10 m。

（3）前、后视的"$K +$ 黑 $-$ 红"不大于 ± 3 mm。

（4）黑面高差与红面高差（加或减 10 mm 后）之差不大于 ± 5 mm。

（5）每一测段间的测站数应为偶数。

（6）水准路线的高差闭合差应不大于 $\pm 6\sqrt{n}$ mm，n 为水准路线总测站数。

2. 要求

每人施测一圈，单独完成四等水准测量及闭合水准路线内业的表格计算，当小组内各点的高程互差小于 10 mm 时，取均值作为小组的最后结果。

控制测量的外业工作，每小组分成两部分，高程小组和平面小组轮换进行，使每个人对外业测量的每一个工种都得到练习并掌握；控制测量的内业计算，包括闭合导线、闭合水准路线内业计算，要求思路清楚、计算准确，符合数据修约要求，所有小组成员独立进行内业计算，结果相互校核。

（三）全站仪导线坐标测量

随着科技的进步，全站仪是现在测量工程中最先进，也是最常使用的仪器，全站仪不只集测角、测距、测高于一身，还可以进行坐标的测量和放样、道路放样等工作，为了使同学们毕业后可以更好地学以致用，在进行控制测量工作时也可以采用全站仪进行导线的坐标测量，然后对所测数据进行内业计算调整，得到控制点的坐标。

1. 外业工作

利用全站仪坐标测量功能，根据全站仪型号的不同，操作略有区别。用全站仪进行坐标测量时可以选取两个已知点分别作为测站和后视（导线中有一个已知点更好，如果没有就将第一个测出的导线点坐标作为准确值），将要进行测量的闭合导线与已知点联测，可得到导线中一点坐标，继而将闭合导线点坐标逐个测出。

2. 内业计算

对于精度要求不高的导线，可以按下面给定的公式计算导线全长的相对闭合差，在闭合差满足规范要求的情况下进行调整，得到平差后各导线点坐标。具体步骤如下：

（1）导线点坐标全部采集完成后，如果导线中有已知点，需要最后再次测已知点坐标；如果导线中没有已知点，那么联测出的第一个导线点坐标为 (x_1, y_1)，最后再次测量出该点坐标 (x_1', y_1')。对于纵、横坐标的增量闭合差可用 $\begin{cases} f_x = x_1' - x_1 \\ f_y = y_1' - y_1 \end{cases}$ 计算，继而计算出导线全长闭合差及导线全长相对闭合差，在导线全长相对闭合差不大于容许值时，可进行闭合差的调整。

（2）纵、横坐标增量改正数可按下面公式进行计算：

$$v_{x1} = -\frac{f_x}{\sum |\Delta x|} \cdot (|\Delta x_1| + |\Delta x_2| + \cdots + |\Delta x_i|)$$

$$v_{y1} = -\frac{f_y}{\sum |\Delta y|} \cdot (|\Delta y_1| + |\Delta y_2| + \cdots + |\Delta y_i|)$$

（3）根据纵、横坐标增量改正数计算各导线点改正后的坐标。

五、操作考核

在实习任务完成后，可以有选择地对同学们进行操作考核，下面几项可以都进行考核，也可以选取部分项目进行考核，考核分数累加在最终的个人实训成绩中：

（1）四等水准测量一站的观测记录和计算。

（2）用方向观测法进行 4 个方向的水平角观测，要求进行一个测回的观测、记录和计算。

（3）用全站仪进行 4 个点位的坐标采集。

六、实训上交资料

实训结束后应上交下列资料：

（1）实习小组应上交的资料：全部外业观测原始记录手簿，包括导线和水准略图及小组每人与最终的水平角观测、距离测量、水准测量、全站仪导线坐标测量手簿。

（2）个人上交资料：实习日志和实习报告。实习报告格式可参考附录。

七、实训成绩评定标准

由于测量实训外业是以小组为单位集体完成的，个人成绩的评定依据本评定标准，见表 2-2。

表 2-2　实训成绩评定标准

序号	项目	考核依据	满分	基本要求	评分标准
1	出勤及纪律	实习日志、监督记录	20	按时出勤、保证全勤、服从指挥、不影响他人	若 1/3 缺勤则实训不合格，实行 8 小时工作制，迟到或早退扣 1 分，隐瞒考勤加倍扣分
2	任务完成情况	小组观测记录、个人计算资料	30	完成实习任务、外业数据记录齐全整洁、数据计算准确	小组成果和个人成果各 15 分，成果缺一项扣 3 分，抄袭或伪造成果 0 分
3	仪器完好率	事故记录	15	无事故、全组仪器完好无损	若发生重大事故则实训不及格，小事故每起扣 3 分
4	操作考核	个人考核成绩	15	操作熟练、数据记录计算整洁无误	操作满分 15 分，操作占 7.5 分，数据记录计算 7.5 分
5	总结报告	实习日志、实习报告	20	按时提交符合要求的成果	基本要求 15 分，特别优秀 20 分

任务二 地形测量

一、实训目的

（1）掌握经纬仪的使用方法。

（2）能够使用经纬仪完成地形图的测绘。

（3）掌握大比例地形图测绘的基本方法。

二、实训内容与时间安排

使用经纬仪对所选测区进行地形图的测绘，根据成图面积规定相应学时。

三、实训设备与人员

（1）设备：经纬仪 1 台、量角器 1 套及三脚架、绘图板、铅笔、橡皮、计算器、记录手簿、三角板、绘图纸等。

（2）人员：以小组为单位，每组 4～6 人，在实习过程中进行轮换，每人均完成经纬仪操作、读数、记录、计算、绘图和跑尺等工作。

四、实训过程与技术要求

1. 图根控制

在选定的实训场地上，控制点信息可采用图根控制测量获得，控制点应保证覆盖整个测区，必要时进行交会测量并加密。

2. 测图前的准备工作

（1）收集资料，包括收集测图规范、地形图图式、控制点成果以及任务书和技术计划书等。

（2）仪器及工具的准备。测图过程所需工具或用品较多，测图前应认真准备，以免遗漏；测图前应对测图仪器进行仔细检查、检验和必要的校正，使其各项指标符合规范要求，满足测图需要。

（3）相关准备，一般包括图纸的准备、绘制坐标格网和展绘控制点。

1）图纸的准备。目前，测图所用的图纸普遍采用一面打毛的聚酯薄膜，其厚度为0.07～0.1 mm，并经过热定型处理。其具有伸缩性小、不怕潮湿、便于使用和保管等优点。

2）绘制坐标格网。测图前，要将控制点展绘在图纸上。为准确展绘控制点，首先要在图纸上精确地绘制直角坐标格网，大比例尺地形图采用 10 cm×10 cm 的方格网。坐标格网的绘制可采用绘图仪、专用格网尺等工具进行。

坐标格网绘制好后，必须进行检查，检查的内容包括：方格网的长对角线长度与其理论值之差应小于 0.3 mm；各小方格的顶点应在同一条对角线上，小方格的边长与其理论值之差应小于 0.1 mm；图廓的边长与其理论值之差应小于 0.2 mm。检查后，若发现超限，必须重新绘制。

3）展绘控制点。在展绘控制点时，首先确定待展点所在的方格。各点展绘完成后，必须进行检查，除检查各点坐标外，还需采用比例尺在图上量取各控制点之间的距离与已知的边长（可由控制点坐标反算）相比较，其最大误差不得超过图上 0.3 mm，否则应重新展绘。所有控制点检查无误后，注明其点名、点号和高程。

3. 经纬仪与半圆仪联合测绘

（1）安置仪器。在测站上安置经纬仪，对中整平后量取仪器高，在另一图根点上立标志，将经纬仪置盘左位置瞄准该标志，并将水平度盘度数配置成 $0°00'00''$。在图纸上的测点位置扎大头钉，以固定量角器的中心位置。

（2）碎部点测量与展绘。如图 2-1 所示，跑尺员将视距尺立在地形、地物的特征点上，观测员用望远镜瞄准视距尺后读取水平度盘、竖直度盘读数及上、中、下丝在视距尺上的读数，并记入表 2-3 中。用量角器依观测所得之水平角找出碎部点所在方向，在该方向上用比例尺量取水平距离，即定出碎部点的平面位置。

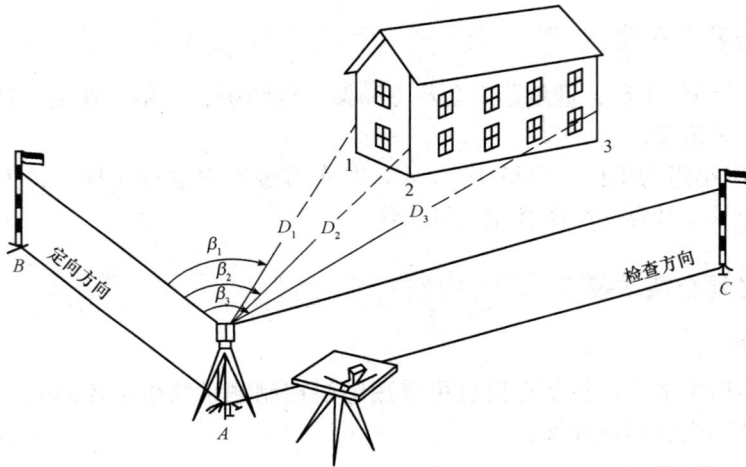

图 2-1 碎部点测量与展绘

（3）计算高程。求出视距间隔和竖直角后，通过计算求出水平距离和高差，进而求出碎部的高程，然后注在碎部点右侧。

（4）勾绘地形、地物。在测绘出若干碎部点之后，应及时勾绘等高线和地物轮廓线及各种符号。

（5）地形图的拼接。地形图是分幅测绘的，各相邻图幅必须能相互拼接成一体。由于存在测绘误差，在相邻图幅拼接处，地物的轮廓、等高线不可能完全吻合。若接合误差在允许范围内，可以进行调整拼接。

为了便于拼接，每幅图的四周均须测出图廓线外 5 mm 范围。对线状地物应测至主要转折点和交叉点，对地物的轮廓应将其完整地测出。

（6）地形图的整饰。地形图整饰的主要内容和要求如下：

1）用橡皮小心地擦掉一切不必要的点和线，所有地物和地貌都按《图式》及相关规定进行。

2)等高线应描绘得光滑、匀称，按规定的粗细加粗计曲线。

3)用工整的字体进行注记，字头朝北。文字注记位置应适当，并尽量避免遮盖地物。

4)按规定整饰图廓。在图廓外相应位置注写图名、图号、接图表、比例尺、坐标和高程系统、基本等高距、测绘机关名称、测绘者姓名和测图年月等。

(7)地形图的检查。为了确保地形图质量，除在测绘过程中要加强检查外，在地形图测绘完成后，也必须对成图质量作全面检查。作业员和作业小组应对完成的成果、成图资料进行严格的自查、互检，确认无误后方可上交。之后，由上级部门组织专门检查。检查工作分室内检查和室外检查两部分。

1)室内检查。地形原图的室内检查，主要查看地形图图廓、方格网、控制点展绘精度是否符合要求，测站点的密度和精度是否符合规定，地物、地貌各要素测绘是否正确、齐全、取舍恰当，图式符号是否运用正确，接边精度是否符合要求等。

2)室外检查。室外检查是在室内检查的基础上进行的，分巡视检查和仪器检查。巡视检查应根据室内检查的重点按预定的路线进行，检查时将原图与实地对照，查看地物和地貌有无遗漏、综合取舍是否适宜、高等线表示的地貌是否逼真、符号运用是否恰当、地物的说明注记中各地名是否正确等；仪器检查是在室内检查和室外巡视检查的基础上进行的，并携带仪器到野外去进行设站实测检查。

五、实训上交资料

实训结束后，实习小组应上交的资料包括碎步测量手簿、铅笔清绘原图。

六、实训注意事项

(1)在碎部点测量过程中，应按要求综合取舍地物地貌特征点，保证地物齐全，避免碎部点数量过多或过少。

(2)在绘图过程中应注意保持图面整洁，地形图整饰后图形线条要清晰。

(3)测定 20 个左右碎部点时应检查定向点和高程，确定水平读数和高程没有变化。

地形测量记录见表 2-3。

表 2-3　地形测量记录

测站：_____　　测站高程：_____　　日期：_____　　观测者：_____

仪器：_____　　仪器高 i：_____　　班组：_____　　记录者：_____

视距	目标高 v /m	竖盘读数 /(°)	垂直角 α /(°)	高差主值 /m	改正数 $i-v$/m	高差 h/m	水平角 β/(°)	水平距离 D/m	高程 H/m

视距	目标高 v /m	竖盘读数 /(°)	垂直角 α /(°)	高差主值 /m	改正数 $i-v$/m	高差 h/m	水平角 β/(°)	水平距离 D/m	高程 H/m

任务三 建筑物定位、放线与变形观测

一、实训目的

(1)掌握建筑物定位的方法。

(2)根据建筑物平面图、基础平面图和细部结构图等,在建筑物定位后进行建筑物或基础细部放线。

(3)了解变形观测的特点,掌握变形观测的技术。

二、实训内容与时间安排

每人均应完成整个操作过程,实训时间为 1 天。

三、实训设备与人员

(1)设备:经纬仪 1 台、水准仪 1 台及三脚架、钢尺、水准尺、铅笔、计算器、记录板、记录手簿等。

(2)人员:以小组为单位,每组 4~5 人,组长负责实训过程,每人轮流完成整个实训内容。

四、实训过程与技术要求

施工测量前先进行熟悉与核对图纸、检核仪器和工具、现场踏勘、施工场地整理等工作。根据测设数据进行相关计算,绘制测设略图。某学校办公楼平面图、基础平面图和基础详图如图 2-2～图 2-4 所示。

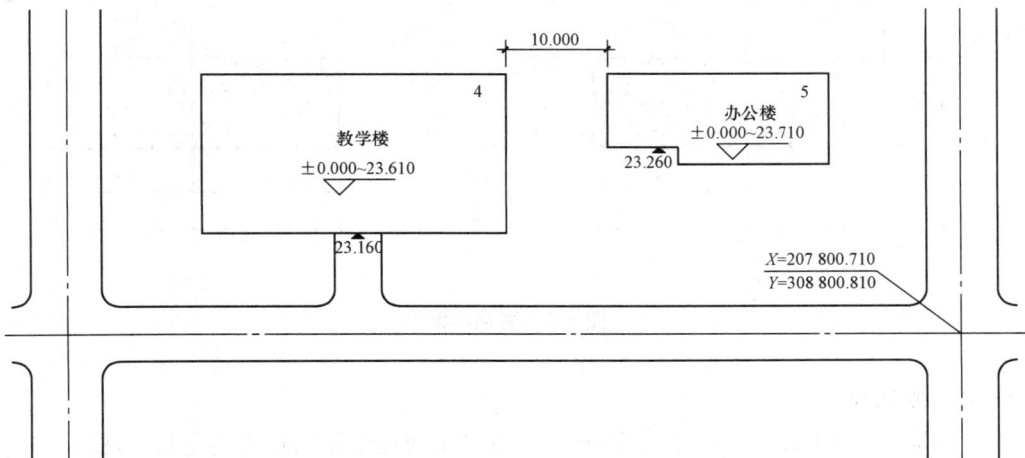

建筑总平面图　1:500

图 2-2　办公楼总平面图局部

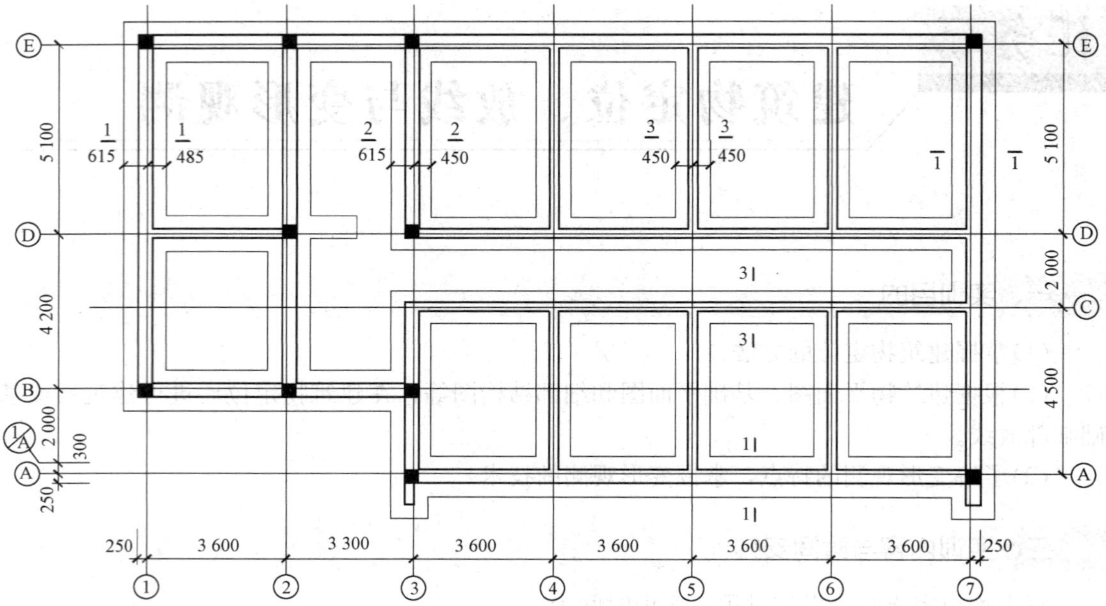

图 2-3　基础平面图

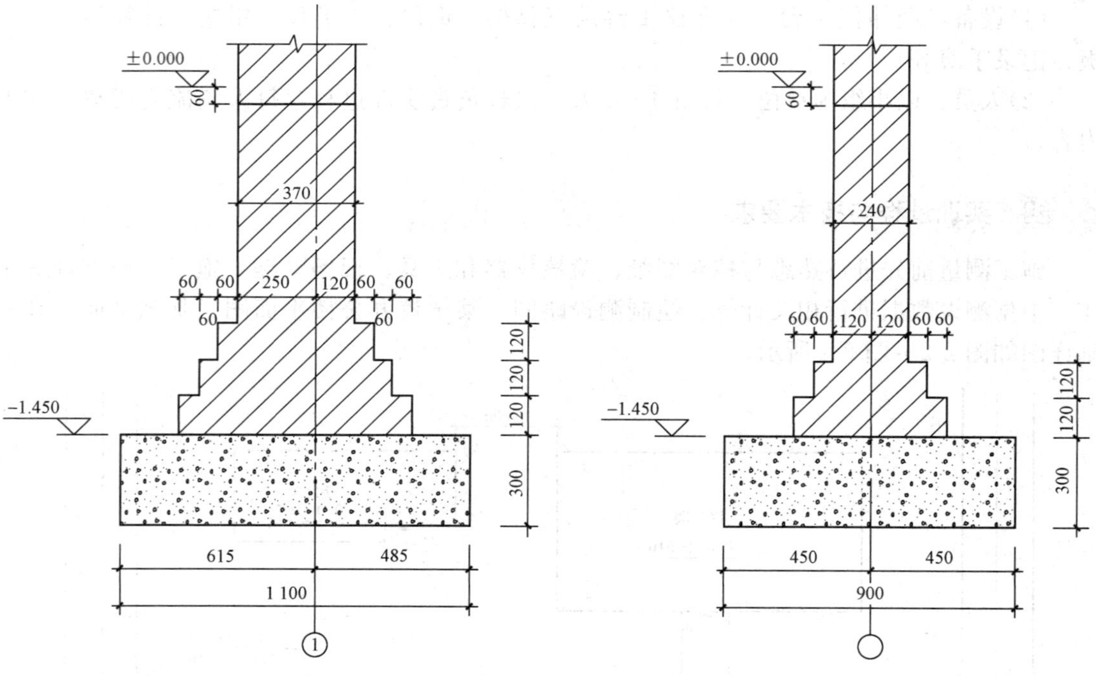

图 2-4　基础详图

1. 建筑物定位

由于定位条件不同，定位方法也不同，一般采用两种常用的建筑物定位方法。

(1)根据已有建筑物定位。

1)如图 2-5 所示，用钢尺沿教学楼的东、西墙面，延长出一小段距离(3 m)，得 a、b 两点，作出标志。

2)在 a 点安置经纬仪，瞄准 b 点，并从 b 沿 ab 方向量取 10.250 m(因为教学楼的外墙厚 370 mm，轴线偏里)，定出 c 点，作出标志，再继续沿 ab 方向从 c 点起量取 21.300 m，定出 d 点，作出标志，cd 线就是定位办公楼的参考线。

3)分别在 c、d 两点安置经纬仪，瞄准 a 点，逆时针方向测设 90°，沿此视线方向量取距离(3+0.250)m，定出 M、P 两点，作出标志，再继续量取 11.600 m，定出 N、Q 两点，M、N、P、Q 四点即办公楼外轮廓定位轴线的交点，然后再定出 A、B 两点，并作出标志。

4)检查 NQ 的距离是否等于 21.300 m，误差≤1/2 000；$\angle N$ 和 $\angle Q$ 是否等于 90°，误差≤40″。

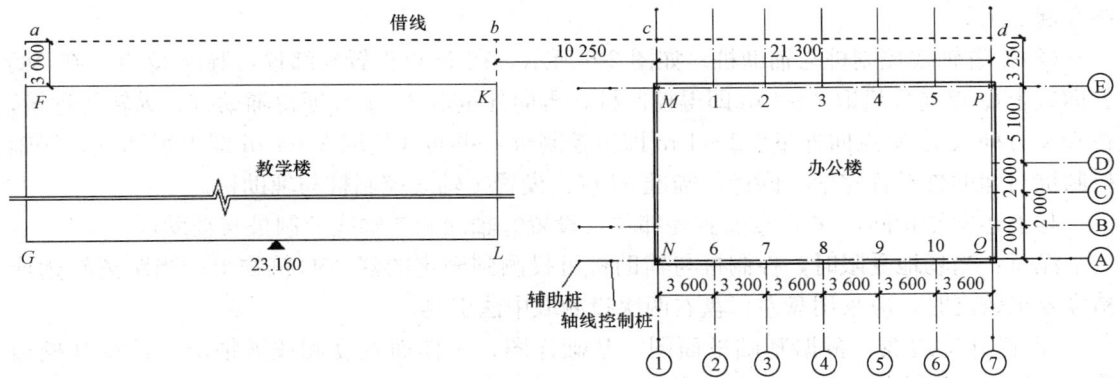

图 2-5　根据已有建筑物定位

(2)根据给定建筑物墙线定位。如图 2-6 所示，给定办公楼北墙线 RS，定位过程如下：

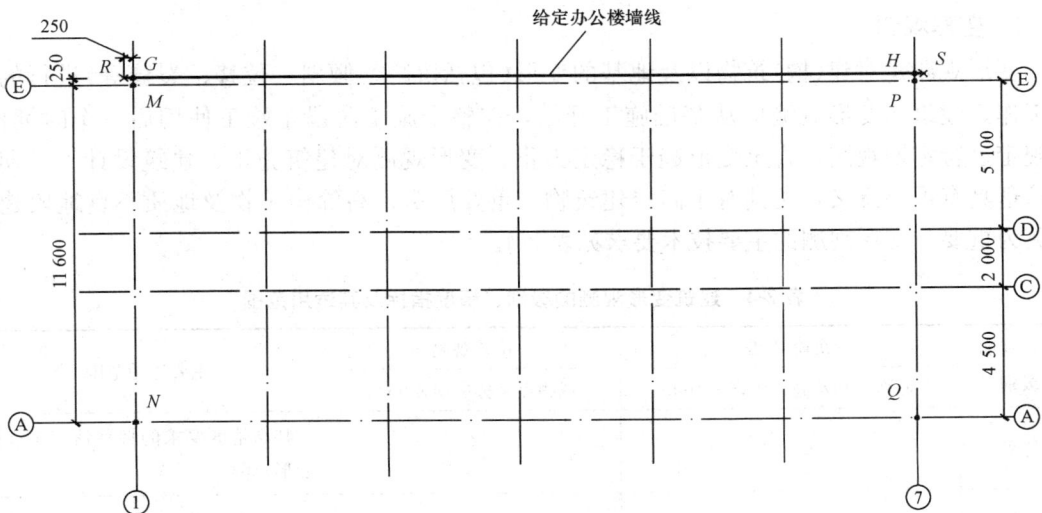

图 2-6　根据给定墙线定位

1）在 RS 方向线上自 R 点量取 250 mm 得 G 点，由 S 向 R 方向量取 250 mm 得 H 点。

2）分别在 G、H 两点安置经纬仪，分别瞄准 S、R 点，按顺、逆时针方向测设 90°，沿视线方向量取距离 250 mm，定出 M、P 两点，作出标志；再继续量取 11.600 m，定出 N、Q 两点，作出标志。M、N、P、Q 四点即办公楼外轮廓定位轴线的交点。

3）检查 NQ 的距离是否等于 21.300 m，误差≤1/2 000；∠N 和∠Q 是否等于 90°，误差≤40″。

2. 建筑物细部放线

（1）测设细部轴线交点桩。如图 2-5 所示，在 M 点安置经纬仪，瞄准 P 点，用钢尺沿 MP 方向量出相邻两轴线之间的距离，定出 1、2、3、…各点。同理，可定出 5、6、7、…各点。

注意：为使量距精度达到设计精度的要求，量取各轴线之间的距离时，钢尺零点要始终在起点上。

（2）设置轴线控制桩与辅助桩。如图 2-6 所示，在 N 点安置经纬仪，瞄准 Q 点，在 NQ 方向线上 Q 点向外量取 2～4 m 即得控制桩，再向外量取 2～4 m 即得辅助桩；纵转望远镜，在 QN 方向线上 N 点向外量取 2～4 m 即得控制桩，再向外量取 2～4 m 即得辅助桩，Ⓐ轴控制桩与辅助桩设置完毕。同理，瞄准 M 点，设置①轴线控制桩与辅助桩。

与上述操作相同，在 P 点安置经纬仪，设置Ⓔ轴线和⑦轴线控制桩与辅助桩。

注意：当场地受限时，控制桩与辅助桩可投测到固定的建（构）筑物上；当距离较远或精度要求较高时，应采用盘左、盘右两次投测取中法引测。

（3）撒开挖边线。根据基础平面图、基础详图、工作面宽度和放坡情况，计算开挖边线。由轴线量取边线位置，用白灰撒出开挖边线。如果是基坑开挖，则只需按最外围墙情况确定开挖边线。

最后，根据施工高程控制网，用水准测量方法把办公楼±0.000 测设到施工现场附近稳定地物上。原则上，引测的高程点要求设置一站即可测设到施工面上。

3. 变形观测

变形观测是对建（构）筑物以及地基的变形（包括沉降、倾斜、位移、裂缝等）进行的测量工作。建筑物变形观测应从基础施工开始，在整个施工阶段至竣工使用后一个时期内，按规定进行定期观测，直至变形趋于稳定为止。变形观测对建筑施工、建筑设计、后期运营管理具有重要意义，尤其对于高层建筑物、重要厂房、高耸构筑物及地质不良地段建筑物更为重要。变形观测的主要技术要求见表 2-4。

表 2-4　建筑变形观测的级别、精度指标及其适用范围

变形观测级别	沉降观测	位移观测	主要适用范围
	观测点测站高差中误差/mm	观测点坐标中误差/mm	
特级	±0.05	±0.3	特高精度要求的特种精密工程的变形观测
一级	±0.15	±1.0	地基基础设计为甲级的建筑变形观测；重要的古建筑和特大型市政桥梁等的变形观测

变形观测级别	沉降观测	位移观测	主要适用范围
	观测点测站高差中误差/mm	观测点坐标中误差/mm	
二级	±0.5	±3.0	地基基础设计为甲、乙级的建筑的变形观测；场地滑坡测量；重要管线的变形观测；地下工程施工及运营中的变形观测；大型市政桥梁变形的观测
三级	±1.5	±10.0	地基基础设计为乙、丙级的建筑的变形观测；地表、道路及一般管线的变形观测；中、小型市政桥梁的变形观测等

（1）倾斜观测。

1）选场地。在校园内选一高层建筑物，以一房角（如图 2-7 中的 P 点）开阔处为观测场地。

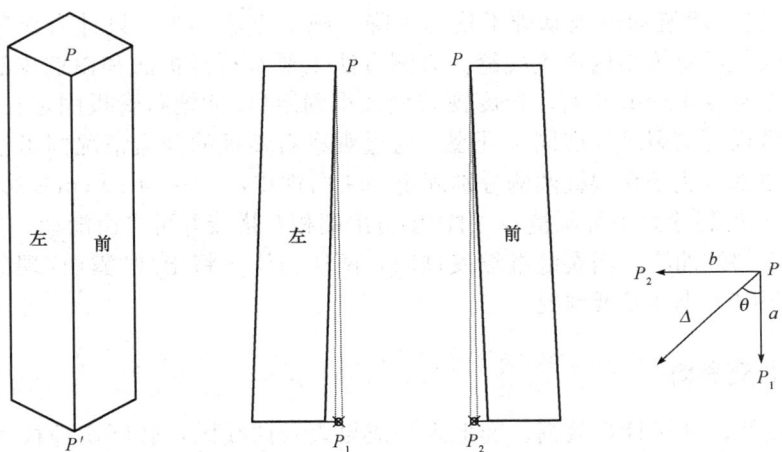

图 2-7　建筑物倾斜观测

2）观测。在建筑物左面，于前侧墙面延长线上距离前墙面稍远处（一般是建筑物 1.5 倍高度左右）安置经纬仪，盘左、盘右分别瞄准上部房角 P 点向下投测取中，得 P_1 点，P_1 点为 P 点在地面的投影点，用盒尺量取 $P'P_1$ 距离 a。同理，在建筑物前面作 P 点向下的投影得 P_2 点，量取 $P'P_2$ 的距离 b。

3）计算。在左面观测，前墙面向前倾斜，倾斜量为 a；在前面观测，左墙面向左倾斜，倾斜量为 b。

总倾斜量：

$$\Delta = \sqrt{a^2 + b^2}$$

倾斜值：

$$i = \tan\theta = \Delta / h$$

式中，h 为建筑物高度。

(2)沉降观测。

1)查找建筑物沉降观测点。在校园内选一近三年竣工的建筑物，查找建筑物墙体或柱上的沉降观测点，编号并做好记录。沉降观测点一般设在房屋四角、变形缝两侧，每隔15 m设一个，距离室外地面高0.5～1 m。

2)查找水准点。在建筑物附近查找水准点。若没有，可假定一水准点。

3)布设水准路线。以假定水准点为起点，布设一条闭合水准路线。

4)观测。按二等水准测量技术要求施测，计算出建筑物各沉降观测点高程。

5)沉降分析。把观测数据填于表2-5。若有条件，可有计划地进行一个周期沉降观测，并汇总沉降观测结果，作出沉降量-时间关系曲线(图2-8)，并进行建筑物沉降分析，为建筑物的安全使用与生产提供科学依据。

(3)位移观测。根据平面控制点测定建(构)筑物的平面位置随时间变化移动的大小及方向。主要有基线法、小角法和交会法。小角法是利用精密经纬仪精确测定基准线与置镜点到观测点连线的角度，通过两次(相隔规定时间)观测的微小角度差，计算求得建筑物的位移值。交会法是以两个控制点为基准，使用前方交会法测定观测点坐标，通过两次(相隔规定时间)测定的观测点坐标反算出建筑物位移值。

(4)裂缝观测。建筑物出现基础不均匀沉降、施工方法不当、设计有误等方面的问题时，可能会造成上部主体结构产生裂缝。观测方法主要有石膏板法和白铁皮法。石膏板法是在裂缝处糊上宽度10 cm左右、长度视裂缝大小确定(以能把石膏板固定在裂缝上为准)的石膏板，石膏板可随裂缝发展同步开裂，通过观察石膏板的开裂情况即可获得建筑物裂缝发展情况。白铁皮法是在裂缝两侧分别固定一块白铁皮，一片为20 cm×20 cm，另一片为5 cm×30 cm(视裂缝大小可调整)，白铁皮自由端相互搭接并可自由滑动，方片在下，长片在上，表面涂匀红油漆。当裂缝继续发展时，两块白铁皮将出现"露白"现象，根据露白大小即可判断裂缝大小和发展情况。

五、实训上交资料

实训结束后每人测设计算数据、变形观测成果表及曲线图，教师实地检查实习小组的测设情况。

六、实训注意事项

(1)记录数据、计算结果要符合相关规范要求。

(2)在实训过程中要步步检核，确保满足精度和要求。

沉降观测记录见表2-5。沉降量-时间关系曲线见图2-8。

表 2-5　沉降观测记录

工程名称：_____　观测：_____　计算：_____　校核：_____

观测次数	观测时间	观测点沉降情况						施工进展情况	荷载情况/(kN·m⁻²)
		001			002				
		高程/mm	本次下沉/mm	累计下沉/mm	高程/mm	本次下沉/mm	累计下沉/mm		
备注：									

图 2-8　沉降量-时间关系曲线

任务四
曲线测设

一、实训目的

(1)掌握圆曲线测设元素的计算方法。

(2)掌握圆曲线主点里程的计算方法。

(3)能够根据测设数据进行圆曲线的详细测设。

二、实训内容与时间安排

每小组使用偏角法和切线支距法完成两个圆曲线的测设工作,时间为 2 天。

三、实训设备与人员

(1)设备:经纬仪 1 台、三脚架 1 个、测钎 2 根、钢尺 1 把及铅笔、计算器、记录手簿等。

(2)人员:以小组为单位,每组 3～4 人,每人用两种方法独立完成测设数据的计算,在实习过程中小组内进行轮换,保证每人均完成仪器的操作、读数等工作。

四、实训过程与技术要求

1. 踏勘路线

根据实训场地地形情况,选择交点 JD 与路线起止点的位置,用木桩标定。

2. 圆曲线要素计算

根据给定转角和圆曲线半径,根据下面的公式计算圆曲线主点要素切线长、曲线长、外矢距。圆曲线主点及要素如图 2-9 所示。

$$T = R \cdot \tan \frac{\alpha}{2}$$

$$L = R \cdot \alpha \cdot \frac{\pi}{180°}$$

$$E = R \left(\sec \frac{\alpha}{2} - 1 \right)$$

图 2-9 圆曲线主点及要素

3. 圆曲线主点里程计算

根据给定的交点里程,计算主点 ZY、YZ、QZ 里程桩号。

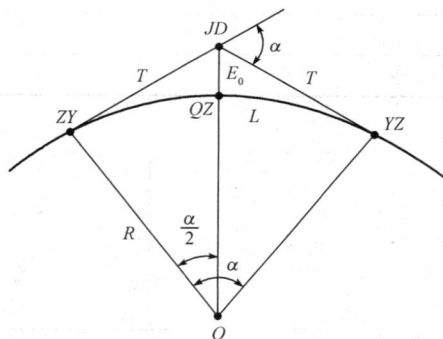

$$ZY_{里程} = JD_{里程} - T$$

$$QZ_{里程} = ZY_{里程} + \frac{L}{2} = YZ_{里程} - \frac{L}{2}$$

$$YZ_{里程} = QZ_{里程} + \frac{L}{2} = ZY_{里程} + L$$

4. 圆曲线主点测设

圆曲线主点测设的步骤如下：

(1)在交点 JD 处安置经纬仪，分别照准线路起止点，量取切线长 T，确定 ZY、YZ 点并打桩标定。

(2)转动照准部，测设确定分角线方向[自 ZY 或 YZ 方向拨角($180° - \alpha/2$)]，测设外矢距长 E，确定 QZ 点，打桩标定。

5. 圆曲线详细测设

(1)偏角法。

1)测设前先计算好圆曲线上各待测设中桩的测设数据，一般采用整桩号法，如图 2-10 所示。

偏角值：

$$\delta = \frac{\varphi}{2} = \frac{l}{2R} \times \frac{180°}{\pi}$$

$$\delta_1 = \frac{\varphi_1}{2} = \frac{l_1}{2R} \times \frac{180°}{\pi}$$

$$\delta_2 = \delta_1 + \delta$$

$$\delta_3 = \delta_1 + 2\delta$$

$$\cdots$$

$$\delta_{n-1} = \delta_n + \delta$$

$$\delta_n = \frac{\varphi_n}{2} = \frac{l_n}{2R} \times \frac{180°}{\pi}$$

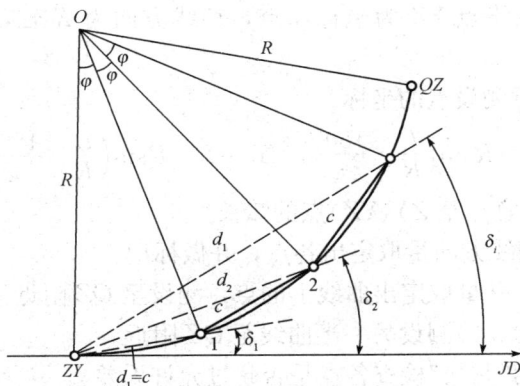

图 2-10 用偏角法测设圆曲线

2)安置经纬仪于曲线起点(ZY)上，盘左瞄准交点(JD)，将水平盘读数设置为 $0°00'00''$。

3)水平转动照准部，使水平度盘读数为拟测设中桩 1 的偏角值；然后，从 ZY 点开始，沿望远镜视线方向测设出弦长,定出中桩点1,即该点桩位置。

4)同步骤2),再继续水平转动照准部,依次使水平度盘读数为其余各中桩偏角值,从上一测设的中桩点开始,测设相邻中桩之间弦长与望远镜视线方向相交,定出圆曲线其他中桩位置。

5)检核。在 ZY 点置镜打到 QZ 点时累计偏角应为 $\alpha/4$,在 ZY 点置镜打到 YZ 点时累计偏角应为 $\alpha/2$。纵向(切线方向)误差小于 $L/1\,000$,横向(法线方向)误差小于 2 cm,L 为曲线长。

注意:采用偏角法测设圆曲线时,由于误差累积,一般从 ZY 点和 YZ 点起各测设一半曲线,但要注意偏角的拨转方向及水平度盘读数。实训中可结合实训场地的具体情况选用适当数值,也可参照表 2-6 所提供的数据进行选择。

表 2-6　用偏角法测设圆曲线

半径	45 m	JD	K3＋182.760
转角	25°(右转)	ZY	K3＋167.760
T(切线长)	9.976 m	QZ	K3＋182.506
		YZ	K3＋197.251

桩号		偏角值 $\Delta/(°\ '\ '')$	弦长 C/m
JD	K3＋182.760		
ZY	K3＋172.784	0	0
1	K3＋175.000	1 24 39	2.216
2	K3＋180.000	4 35 38	7.208
QZ	K3＋182.601	6 14 59	9.798
3	K3＋185.000	7 46 37	12.179
4	K3＋190.000	10 57 36	17.111
YZ	K3＋192.419	12 30 00	19.480

(2)切线支距法。

1)以曲线起点 ZY 或终点 YZ 为坐标原点,切线方向为 X 轴,过原点的半径为 Y 轴,建立直角坐标系。

2)计算圆曲线上任意测设点的坐标。

$$X_t=R\sin\left(\frac{l'}{R}\times\frac{180°}{\pi}\right)\quad Y_t=R-R\sin\left(\frac{l_t}{R}\times\frac{180°}{\pi}\right)$$

式中　l_t——圆曲线上任意点至 ZY(YZ)点的弧长。

3)从 ZY 开始,沿切线方向量取定出各点,并做标记。

4)在点切线作垂线,并量取定出曲线上的点,测设至 QZ 附近。

5)从 YZ 重复步骤2)、3)测设另一半曲线至 QZ 附近。

6)测设完毕后,应用"弦长"检查各点是否超过允许误差。

注意:也可使用全站仪的坐标放样功能进行圆曲线的测设。测设数据可结合实训场地的具体情况给出适当数值,也可参照表 2-7 所提供的数据进行测设实训。

表 2-7 用坐标法测设圆曲线

半径	45 m	JD	K3+182.760
转角	25°（右转）	ZY	K3+167.760
T（切线长）	9.976 m	QZ	K3+182.506
		YZ	K3+197.251
桩号		X 坐标/m	Y 坐标/m
JD	K3+182.760	500.000	500.000
ZY	K3+172.784	492.946	492.946
1	K3+175.000	494.473	494.551
2	K3+180.000	497.618	498.435
QZ	K3+182.601	499.078	500.587
3	K3+185.000	500.313	534.971
4	K3+190.000	502.524	507.125
YZ	K3+192.419	503.412	509.375

五、实训上交资料

实训结束后每人上交用偏角法和切线支距法计算的数据，教师实地检查实习小组圆曲线测设情况。

六、实训注意事项

(1)注意数据的计算正确无误。

(2)采用偏角法测设圆曲线时，由于误差累积，一般从 ZY 点和 YZ 点起各测设一半曲线。

(3)测设完各桩后要对各桩点进行位置或距离检核。

(4)在实训中根据场地的实际情况进行数据的调整。

偏角法测设圆曲线记录手簿见表 2-8。切线支距法测设圆曲线记录手簿见表 2-9。

表 2-8 偏角法测设圆曲线记录手簿

日期：_____　　　　天气：_____　　　　观测者：_____

仪器：_____　　　　小组：_____　　　　记录者：_____

半径/m		JD	
转角		ZY	
T（切线长）		QZ	
		YZ	
桩号		偏角值 Δ/(° ′ ″)	弦长 C/m
JD			

表 2-9　切线支距法测设圆曲线记录手簿

日期：_____　　　　　天气：_____　　　　观测者：_____

仪器：_____　　　　　小组：_____　　　　记录者：_____

半径/m		JD	
转角		ZY	
T（切线长）		QZ	
		YZ	

桩号		X 坐标/m	Y 坐标/m
JD			

任务五 线路纵、横断面测量

一、实训目的

（1）掌握线路测量的基本方法和步骤。

（2）掌握线路纵、横断面测量及纵、横断面图的绘制方法。

二、实训内容与时间安排

（1）每人轮换完成线路的纵、横断面测量，并进行纵、横断面图的绘制。

（2）工作时间由教师根据实际情况安排。

三、实训设备与人员

（1）设备：经纬仪 1 台（或全站仪）、水准仪 1 台及三脚架、水准尺、花杆、铅笔、计算器、记录手簿、绘图纸等。

（2）人员：以小组为单位，每组 4～6 人，实习过程中应每人轮换，每人均应完成仪器操作、读数记录等工作，并独立完成数据整理计算和绘图工作。

四、实训过程与技术要求

实训前由指导老师指定或各组成员自行选定线路，标定线路交点及转点。根据线路需要进行圆曲线测设，并标定线路中桩及里程。同时，设立水准点，并测定水准点高程。如无已知高程，可采用假定高程。

1. 纵断面测量

（1）采用视线高法，进行中桩水准测量，测量数据记入表 2-10。

（2）在测段起始点附近的水准点 BM_1 上竖立水准尺，选定前视转点 ZD_1 并竖立水准尺。如图 2-11 所示，在 BM_1、ZD_1 大致中间的地方安置水准仪，先读取后视点 BM_1 上水准尺的读数并记入后视栏；再读取前视点 ZD_1 上水准尺的读数，并将此读数记入前视栏中；依次在本站各中桩处的地面上竖立水准尺并读取读数，记入间视栏。

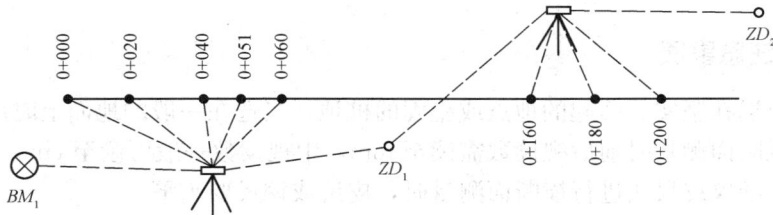

图 2-11　纵断面测量

（3）选定 ZD_2 点，在 ZD_1、ZD_2 大致中间的地方安置水准仪，以 ZD_1 点为后视，以 ZD_2 点为前视重复上一步骤，读数并记录入表。测至另一水准点，构成附合水准路线。

（4）计算中桩高程并校核。

$$后视点与前视点高差＝后视读数－前视读数$$
$$后视点与间视点高差＝后视读数－间视读数$$
$$前视点高程＝后视点高程＋后视点与前视点高差$$
$$间视点高程＝后视点高程＋后视点与间视点高差$$

（5）计算高差闭合差。

$$f_h \leqslant 30\sqrt{D}\ （单位\ mm，D\ 为附合路线长度，以\ km\ 为单位）$$

（6）绘制纵断面图。以里程为横坐标（比例为 $1:1\ 000$），以高程为纵坐标（比例为 $1:100$）绘制纵断面图，如图 2-12 所示。图上半部分的折线代表中线方向的地面线和纵坡设计线，图下部分表格是注记有关测量和线路纵坡的设计资料。

2. 横断面测量

采用水准仪皮尺法或经纬仪视距法，进行中桩横断面测量，测出横断面方向各变坡点至中桩的水平距离和高差，如图 2-13 所示。

（1）水准仪皮尺法。选一适当位置安置水准仪，后视中桩水准尺读取后视读数，横断面方向上各变坡点立水准尺读取前视读数，并计算高差和中桩高程。用钢尺或皮尺分别量取各变坡点至中桩的水平距离。

（2）经纬仪视距法。将经纬仪安置在中桩上，水准尺立于横断面方向的各变坡点上，经纬仪盘左对准水准尺，读取上丝读数 a、下丝读数 b、中丝读数 c 及竖盘读数 θ，量取仪器高 i，利用视距法和高差公式计算在中桩与变坡点的水平距离及高差。

（3）将高差和水平距离的结果记入表 2-11，按线路前进方向分左侧、右侧，以分数形式表示高差和距离。分子表示相邻变坡点高差，分母表示水平距离。高差为正表示上坡，高差为负表示下坡。自中桩由近及远逐段测量与记录。

（4）根据测量和计算数据，绘制横断面图。绘图比例采用 $1:200$ 或 $1:100$，绘图顺序为从图纸自上而下、由左向右，依次按桩号绘制。

五、实训上交资料

实训结束后，以小组为单位上交以下资料：

（1）平面控制测量和高程控制测量布点图。

（2）平面和高程控制测量观测手簿及平差成果表。

（3）断面测量数据成果和断面图。

六、实训注意事项

（1）转点应选在坚实、凸起的地点或稳固的桩顶，当选在一般的地面上时应置尺垫。

（2）进行纵断面测量时前后视读数需读至 mm，中视读数一般可读至 cm。

（3）当用水准仪皮尺法进行横断面测量时，皮尺或钢尺要水平。

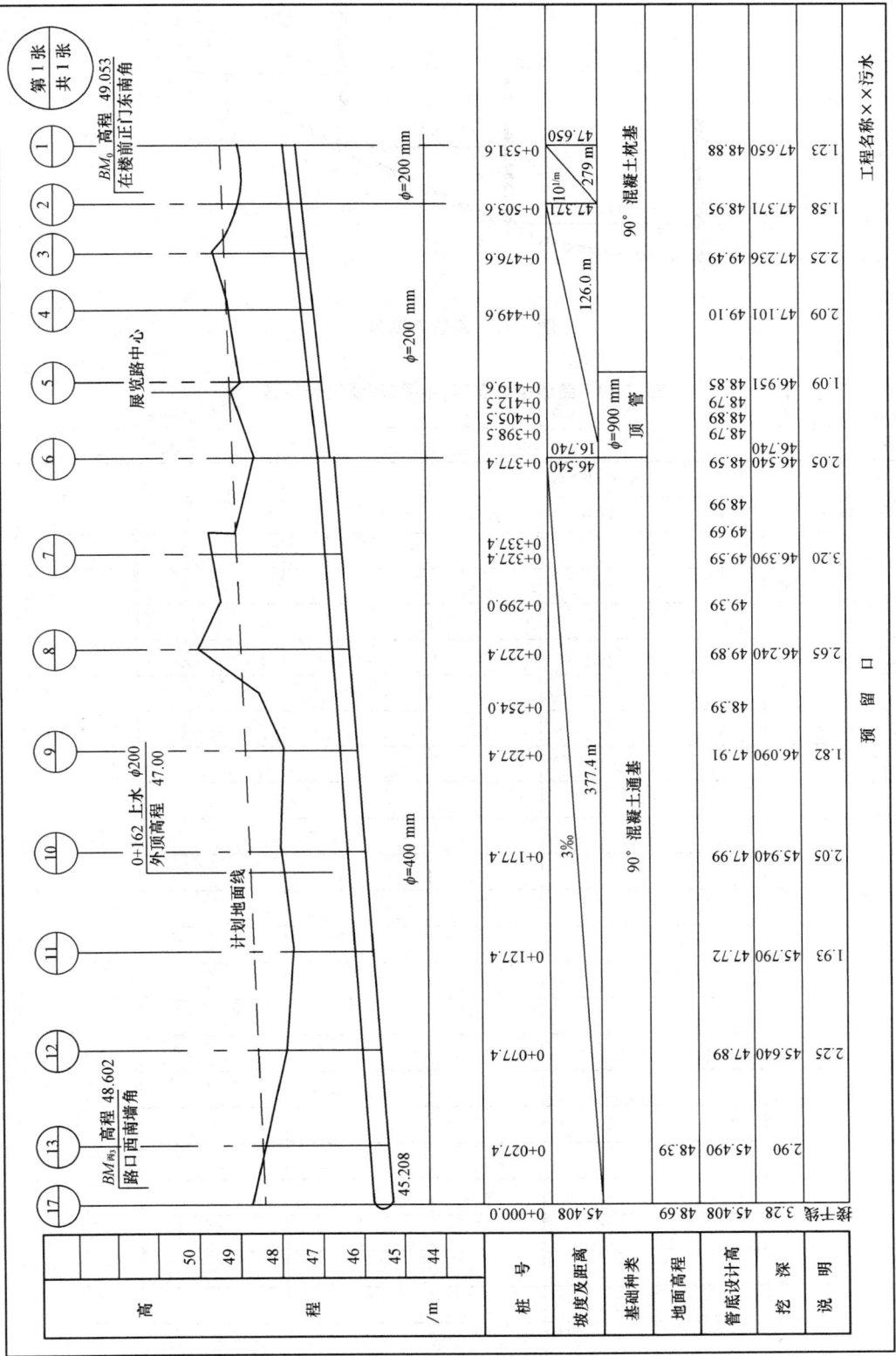

图2-12 纵断面图

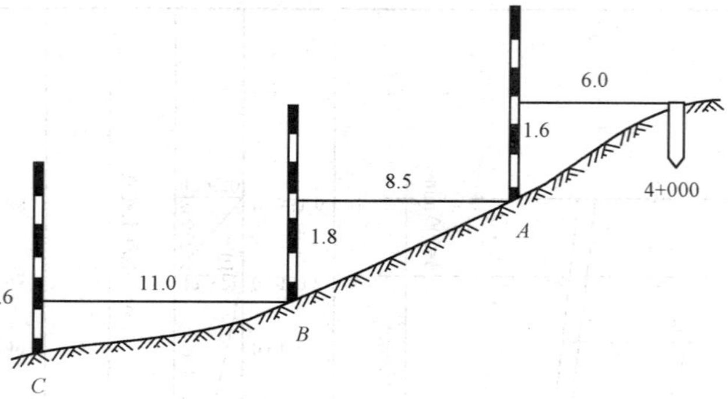

图 2-13 横断面测量

表 2-10 路线中桩高程(中平)测量记录手簿

日期：_____ 天气：_____ 观测者：_____
仪器：_____ 小组：_____ 记录者：_____

桩号或 测点编号	水准尺读数			高差/m	高程/m	备注
	后视	间视	前视			

表 2-11 路线中桩横断面测量记录手簿

日期：_____ 天气：_____ 观测者：_____

仪器：_____ 小组：_____ 记录者：_____

左侧/m	里程桩号	右侧/m

任务六 土方量测量与计算

一、实训目的

（1）了解将起伏的自然地表平整为水平场地的过程。

（2）掌握计算设计高程、填挖数值及土方量。

（3）掌握现场点位的布设方法。

二、实训内容与时间安排

使用相应仪器对所选测区进行场地平整，根据平整面积规定相应学时。

三、实训设备与人员

（1）设备：经纬仪1台、水准仪1台、水准尺1把、钢尺1把（以上仪器可用全站仪代替）；三脚架、木桩若干、铅笔、计算器、记录手簿等。

（2）人员：以小组为单位，操作仪器、立观测标，记录计算工作由每人轮流操作。

四、实训过程与技术要求

1. 场地方格网

使用经纬仪钢尺（或全站仪）在实地布设边长为 20 m×20 m 的方格网，方法同任务三建筑物放样并编号，横线从上到下依次编为 A、B、C、D 等行号，纵线从左至右顺次编为 1、2、3、4、5 等列号，然后在各方格点处打下木桩。

2. 测量各方格点地面高程

使用水准仪或全站仪用三角高程方法测量出各方格点的地面高程。

3. 计算设计高程

根据各个方格点的地面高程，分别求出每个方格的平均高程 H_i（$i=1$、2、3、…，表示方格的个数），将各个方格的平均高程求和并除以方格总数 n，即得设计高程 $H_设$。先将每一小方格顶点高程加起来除以4，得到每一小方格的平均高程；再把各小方格的平均高程加起来除以小方格总数，即得设计高程。

4. 计算各方格点的填挖数

根据场地的设计高程及各方格点的实地高程，计算出各方格点处的填高或挖深的尺寸，即各点的填挖数。

$$填挖数＝地面点的实地高程－场地的设计高程$$

填挖数为"＋"时，表示该点为挖方点；填挖数为"－"时，表示该点为填方点。将计算出的各点填挖数填写在各方格点的左上角。

5. 计算填、挖方量

计算填、挖方量有两种情况：一种为整个小方格全为填（或挖）方；另一种为小方格内既有填方又有挖方。其计算方法如下：

首先，计算出各方格内的填方区域面积 $A_填$ 及挖方区域面积 $A_挖$。

若整个方格全为填或挖方（单位为 m^3），则土石方量为

$$V_填 = \frac{1}{4}(h_1 + h_2 + h_3 + h_4) \times A_填 \text{ 或 } V_挖 = \frac{1}{4}(h_1 + h_2 + h_3 + h_4) \times A_挖$$

若方格中既有填方又有挖方，则土石方量分别为

$$V_填 = \frac{1}{4}(h_1 + h_2 + 0 + 0) \times A_填 \quad (h_1、h_2 \text{ 为方格中填方点的填挖数})$$

$$V_挖 = \frac{1}{4}(h_3 + h_4 + 0 + 0) \times A_挖 \quad (h_3、h_4 \text{ 为方格中挖方点的填挖数})$$

计算出各个小方格的填、挖方量后，分别汇总以计算总的填、挖方量。一般来说，场地的总填方量和总挖方量两者应基本相等，但由于计算中多使用近似公式，故两者之间可略有出入。如相差较大，说明计算中有差错，应查明原因重新计算。

6. 放样填挖边界线与填挖高度

根据合适间隔分别放样出设计的高程点，用标志把这些设计高程点连成曲线，作为填挖边界线。在各方格点的木桩上注记相应的填挖高度，作为场地平整的依据。

五、实训上交资料

实训结束后每人上交土方量计算的数据，教师实地抽查实习小组各木桩测设高程情况。

六、实训注意事项

(1)计算的各数据要正确无误。

(2)实训中根据场地实际情况确定方格网的大小。

(3)场地起伏，作业应注意安全。

水准测量高程的记录见表 2-12。

表 2-12　水准测量高程的记录

日期：_____　　　　　天气：_____　　　　　观测者：_____

仪器：_____　　　　　小组：_____　　　　　记录者：_____

点名	水准尺读数/m		视线高/m	高程/m	备注

続表

点名	水准尺读数/m		视线高/m	高程/m	备注

· 100 ·

全站仪三角高程测量的记录见表2-13。

表 2-13　全站仪三角高程测量的记录

日期：＿＿＿＿＿＿　　　　　天气：＿＿＿＿＿＿　　　　　观测者：＿＿＿＿＿＿

仪器：＿＿＿＿＿＿　　　　　小组：＿＿＿＿＿＿　　　　　记录者：＿＿＿＿＿＿

测站点及高程	点名	斜距/m	竖直角/(°)	仪器高/m	棱镜高/m	高差/m	高程/m

填挖土方量计算见表 2-14。

表 2-14　填挖土方量计算

日期：＿＿＿＿＿＿　　　　天气：＿＿＿＿＿＿　　　　观测者：＿＿＿＿＿＿

仪器：＿＿＿＿＿＿　　　　小组：＿＿＿＿＿＿　　　　记录者：＿＿＿＿＿＿

点名	地面高程/m	填挖高度/m	填挖土方量/m³	
			填方	挖方
Σ				

设计高程的计算：

第三部分
工程测量习题

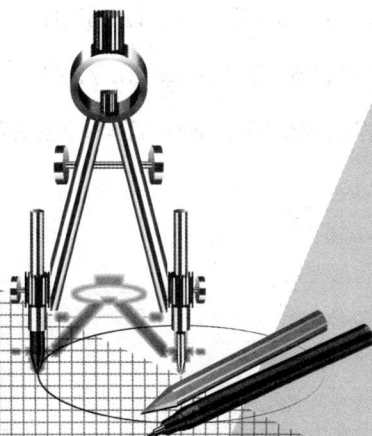

工程测量习题计算中的
数字修约规则

为了避免测量计算中舍入误差的积累，在习题计算时，计算数据的舍入，按下列规则进行：

(1)若数值中拟舍去的第一位数字是 0~4 中的数，则被保留的末位数字不变；

(2)若数值中拟舍去的第一位数字是 6~9 中的数，则被保留的末位数加 1；

(3)若数值中拟舍去的第一位数字是 5，其右边的数字并非全部是 0 时，则被保留的末位数字加 1；其右边的数字皆为 0 或没有时，则被保留的末位数是奇数就加 1，是偶数就不变。

以上规则可归纳为：4 舍 6 入，遇 5 奇进偶不进。

例如，将以下数字凑整成小数点后 3 位有效数值：

$$12.357\ 2 \approx 12.357; 12.357\ 7 \approx 12.358;$$

$$25.731\ 5 \approx 25.732; 25.732\ 5 \approx 25.732;$$

$$32.375\ 500\ 01 \approx 32.376; 32.376\ 500\ 01 \approx 32.377。$$

第 1 章 测量学的基本知识

1.1 测量学概述

一、名词解释

1. 测量学：

2. 测定：

3. 测设：

4. 工程测量学：

二、填空

1. 测量学的内容包括_____和_____两部分。

2. 测量学按研究范围和对象的不同，可分为_____、_____、_____、_____、_____。

3. 按工程建设的进行程序，工程测量可分为_____、_____、_____。

三、判断

1. 大地测量学是研究整个地球的形状和大小，解决大地区控制测量、地壳变形及地球重力场变化问题的科学。 （   ）

2. 摄影测量与遥感是利用传感器获取目标物体的影像和光谱数据，并用图形、图像和数字形式表达地表和物体的形状、大小及空间位置的科学。 （   ）

3. 海洋测绘学是研究海洋空间地理信息的获取、处理和应用的科学。 （   ）

四、问答题

1. 测量学的主要任务是什么？

2. 测量中的 4D 产品和 3S 技术分别指的是什么？

3. 工程测量学的发展趋势是怎样的？

1.2　地面点位的确定

1. 水准面：

2. 大地水准面：

3. 绝对高程：

4. 相对高程：

5. 天文坐标：

6. 大地坐标：

1. 我国常用的测量坐标系：＿＿＿＿＿＿＿、＿＿＿＿＿＿＿、＿＿＿＿＿＿＿。

2. 我国的两个高程系统：＿＿＿＿＿＿＿、＿＿＿＿＿＿＿。

3. 测量工作的三个基本要素：＿＿＿＿＿＿＿、＿＿＿＿＿＿＿、＿＿＿＿＿＿＿。

4. 高斯投影带一般分为＿＿＿＿＿＿＿和＿＿＿＿＿＿＿两种。

5. 有一点 A 位于 18 投影带，其自然坐标为 $x＝3\ 395\ 451$ m，$y＝-82\ 261$ m，则它在 18 投影带中的高斯通用坐标为 $X＝$＿＿＿＿＿＿＿，$Y＝$＿＿＿＿＿＿＿。

6. 高斯 3°带 25 号带的中央子午线经度为＿＿＿＿＿＿＿。

三、判断

1. 确定参考椭球体与大地体之间的相对位置关系称为椭球体的定位。 （ ）
2. 测量中的平面直角坐标系与数学中的坐标系相同。 （ ）
3. 高斯投影属于保角投影，离中央子午线越远，变形越大。 （ ）
4. 我国版图横跨高斯 6°带的带号为 13～23。 （ ）

四、问答题

1. 测量中的平面直角坐标系与数学中的坐标系有何异同？

2. 用水平面代替水准面对高程和距离有何影响？

3. 测量工作的基本原则是什么？

第 2 章

水准测量

2.1 水准测量的原理及仪器使用

一、名词解释

1. 高差法：

2. 视线高法（仪高法）：

3. 视线高：

4. 水准管轴：

5. 视准轴：

6. 视差：

7. 后视点：

8. 前视点：

9. 转点：

10. 测段：

二、填空

1. 地面点高程的计算方法有_____和_____两种。

2. DS3 水准仪的组成主要包括_____、_____和_____三部分。

3. 旋转_____可以使水准仪的圆水准器气泡居中，旋转_____可以使水准仪的长水准器气泡居中。

4. 设 A 点为后视点，B 点为前视点，$H_A = 100$ m，后视读数为 0.983，前视读数为 1.149，则 A、B 两点的高差为 _____ m，$H_B =$ _____ m。

5. 在水准测量中起传递高程作用的点为 _____。

6. 已知水准仪的视线高程为 100 m，瞄准 A 点的后视读数为 2 m，则 A 点的高程为 _____ m。

7. 水准测量时，地面点之间的高差等于后视读数 _____ 前视读数。

8. _____ 与十字丝交点的连线叫作视准轴。

9. 视差的产生原因是目标成像与 _____ 不重合。

10. 水准测量时，对某一水准尺进行观测时的基本步骤是粗平、瞄准、_____ 和读数。

11. 在水准测量中转点的作用是传递 _____。

12. 测量工作中，安置仪器的位置称为 _____。

13. 望远镜中十字丝的作用是提供照准目标的标准。在十字丝中上下对称的两根短横丝是用来测量距离的，称为 _____。

14. 符合气泡左侧半影像的移动方向，与用右手大拇指转动微倾螺旋的方向 _____。

三、判断

1. 如果测站高差为负值，则后视立尺点位置低于前视立尺点位置。（　　）

2. 目镜光心与十字丝交点的连线叫作视准轴。（　　）

3. 视差现象是由人眼的分辨率造成的，视力好则视差就小。（　　）

4. 水准测量是利用经纬仪提供的水平视线在度盘上读数而测定两点之间高差的。（　　）

5. 水准仪精平是调节脚螺旋使水准管气泡居中。（　　）

6. 水准测量的原理是利用水准仪所提供的一条水平视线，配合带有刻画的标尺，测出两点之间的高差。（　　）

7. 在水准测量中，利用高差法进行计算时，两点之间的高差等于前视读数减后视读数。（　　）

8. 水准测量中常要用到尺垫，尺垫的作用是防止点被移动。（　　）

9. 在水准测量中，利用视线高法进行计算时，视线高等于后视读数加上仪器高。（　　）

四、问答题

1. 产生视差的原因是什么？

2. 如何消除视差？

3. 水准测量的基本原理是什么？

4. 符合棱镜水准器有什么优点？气泡端的影像符合表示什么？

5. 转点在水准测量中起什么作用？它的特点是什么？

1. 设 A 点高程为 101.352 m，当后视读数为 1.154 m、前视读数为 1.328 m 时，则高差是多少？待测点 B 的高程是多少？

2. 已知 $H_A=417.502$ m，$a=1.384$ m，前视 B_1、B_2、B_3 各点的读数分别为：$b_1=1.468$ m，$b_2=0.974$ m，$b_3=1.384$ m，试用视线法计算出 B_1、B_2、B_3 点的高程。

3. 试计算水准测量记录成果，用高差法完成表 3-1。

表 3-1　水准测量记录

测点	后视读数/m	前视读数/m	高差/m	高程/m	备注
BM_A	2.142			123.446	已知水准点
TP_1	0.928	1.258			
TP_2	1.664	1.235			
TP_3	1.672	1.431			
BM_B		2.074			
总和 $\sum$	$\sum a=$	$\sum b=$	$\sum h=$	$H_B-H_A=$	
计算校核	$\sum a-\sum b=$				

2.2 水准测量

1. 水准点：

2. 水准路线：

3. 闭合水准路线：

4. 附合水准路线：

5. 支水准路线：

6. 水准网：

7. 高差闭合差：

二、填空

1. 用水准测量的方法测定的_____，称为水准点(Bench Mark)，一般缩写为"BM"。

2. 水准点埋设后，应绘出水准点的点位略图，称为_____，以便于日后寻找和使用。

3. 从一个已知高程的水准点出发进行水准测量，最后测量到另一个已知高程的水准点上，所构成的水准路线，称为_____。

4. 低于国家等级的普通水准测量，称为_____，也称为五等水准测量。

5.《工程测量规范》(GB 50026—2007)规定，进行五等水准测量时，高差闭合差的容许误差为_____。

6. 附合水准路线高差闭合差的计算式为_____，闭合水准路线的高差闭合差的计算式为_____，支水准路线的高差闭合差计算式为_____。

7. 按测站数进行高差闭合差的调整时，高差改正数的计算式为_____。

8. 水准仪的几何轴线应满足的主要条件是_____与_____平行。

9. 水准管上 2 mm 圆弧所对的圆心角，称为_____，用字母 τ 表示。

三、判断

1. 一闭合水准路线共测量四段，各段的观测高差分别为：＋4.720、－1.032、－3.754、＋0.096，则高差闭合差为＋0.030。 （   ）

2. 某工程在进行水准测量时，按规范计算出的高差闭合差的容许误差为 24 mm，而以观测结果计算出的实际高差闭合差为－0.025 m。这说明该水准测量的外业观测成果合格。

（　　）

3. 某工程在进行水准测量时，按规范计算出的高差闭合差的容许误差为 28 mm，而以观测结果计算出的实际高差闭合差为－0.026 m。这说明该水准测量的外业观测有错误。

（　　）

4. 进行水准测量时，每测站尽可能使前、后视距离相等，以消除或减弱水准管轴与视准轴不平行的误差对测量结果的影响。

（　　）

5. 进行水准测量时，每测站尽可能使前、后视距离相等，以消除或减弱视差对测量结果的影响。

（　　）

6. 进行水准测量时，每测站尽可能使前、后视距离相等，以消除或减弱水准管气泡居中不严格对测量结果的影响。

（　　）

7. 因为在自动安平水准仪上没有水准管，所以不需要进行视准轴不水平的检验与校正。

（　　）

8. 水准管上 2 mm 的圆弧所对应的圆周角为水准管分划值。

（　　）

9. 水准器的分划值越小，其灵敏度越高，用来整平仪器的精度也越高。

（　　）

四、问答题

1. 水准测量的误差来源于哪些方面？

2. 测站检核的方法有哪些？

3. 单一水准路线的布设形式通常有哪三种？

4. 微倾式水准仪的主要轴线有哪些？

5. 水准测量中，为什么一般要求前、后视距尽量相等？

1. 对图 3-1 所示的一段等外支水准路线进行往返观测，路线长为 1.2 km，已知水准点为 BM_8，待测点为 P。已知点的高程和往返测量的高差数值标于图中，试检核测量成果是否满足精度要求。如果满足，请计算出 P 点的高程。

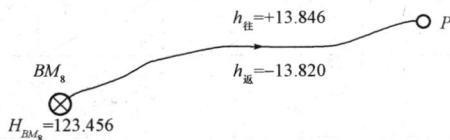

图 3-1

2. 图 3-2 所示为某闭合水准路线示意，水准点 BM_2 的高程为 $H_{BM_2} = 845.515$ m。1、2、3、4 点为待定高程点，各测段高差及测站数均标注在图中。请在表 3-2 中进行平差计算，求出各待定点的高程 H_1、H_2、H_3、H_4。

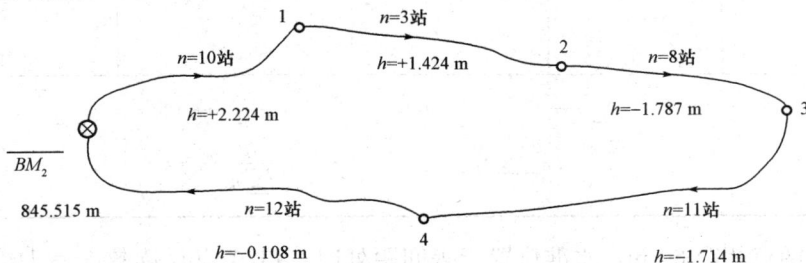

图 3-2

表 3-2　闭合水准路线记录

点号	测站数	高差 /m	改正数/mm	改正高差/m	高程 /m	备注
BM_2					845.515	高程已知
1						
2						
3						
4						
BM_2						
辅助计算						

$\sum n =$　　　$f_h =$　　　$f_{h容} = \pm 12\sqrt{n} =$

f_h ＿＿ $f_{h容}$　　　$v_i = -\dfrac{f_h}{\sum n} \cdot n_i =$

3. 一附合水准路线，已知条件见表 3-3，计算各点的高程。

表 3-3　附合水准路线记录

点号	测站数 n	实测高差 /m	高差改正数/mm	改正后高差/m	高程 /m	备注
A					84.886	已知
1	5	+2.945				
2	9	+1.892				
3	8	−5.492				
B	6	+4.253			88.428	已知
$\sum$						
辅助计算	$\sum n=$　　　　　$f_h=$　　　　　$f_{h容}=\pm 12\sqrt{n}=$ f_h＿＿$f_{h容}$　　　　　$v_i=-\dfrac{f_h}{\sum n}\cdot n_i=$					

4. A、B 两点相距 60 m，水准仪置于等间距处时，得 A 点尺读数 $a_1=1.330$ m，B 点尺读数 $b_2=0.806$ m，将仪器移至 AB 的延长线 C 点时，得 A 点尺读数 $a_2'=1.966$ m，B 尺读数 $b_2'=1.438$ m，已知 $BC=4$ m，试问若在 C 点校正其 i 角，则 A 点尺的正确读数应为多少？该仪器的 i 角为多少？

第 3 章

角度测量

3.1 角度测量原理及仪器使用

一、名词解释

1. 水平角：

2. 竖直角：

3. 仰角、俯角：

二、填空

1. 水平角是用水平度盘测定的，水平角的角值范围是_____。

2. 竖直角的角值范围为_____。

3. DJ6 经纬仪是由_____、_____和_____组成的。

4. 水平度盘是用于测量水平角，由光学玻璃制成的圆环，圆环上刻有 $0°\sim360°$ 的分划线，并按_____方向注记。

5. _____是经纬仪上部可转动部分的总称。照准部的旋转轴称为仪器的_____。

6. 通过调节经纬仪水平制动螺旋和水平微动螺旋，可以控制照准部在_____方向上的转动。

7. 经纬仪的使用主要包括_____、_____、瞄准和读数四项操作步骤。

8. 对中的目的是使仪器的中心与测站点标志中心处于_____。

9. 对中有_____、_____两种方法。

10. 经纬仪整平时，伸缩脚架，使_____气泡居中；再调节脚螺旋，使照准部水准管气泡精确居中。

三、判断

1. DJ6 经纬仪的测量精度通常要高于 DJ2 经纬仪的测量精度。 （ ）

2. 竖直角可能为正，也可能为负。 （ ）

3. 经纬仪四条轴线应满足的关系之一是望远镜横轴平行于竖轴。 （ ）

4. 安置经纬仪时三只架腿张开的范围越大越好。 （　　）

5. 经纬仪整平，要求其水准管气泡居中误差一般不得大于1格。 （　　）

1. 光学经纬仪的安置步骤是什么？

2. 光学经纬仪对中整平的目的是什么？

3. DJ6经纬仪有哪些几何轴线？它们之间满足怎样的关系？

3.2　角度测量

一、名词解释

1. 盘左、盘右：

2. 竖盘指标差：

3. 视准轴误差：

二、填空

1. 水平角观测的方法有_____和_____两种。

2. 采用 n 个测回测定水平角时，每测回盘左起始度数递增值为_____，每测回改变盘左起始度数的目的是_____。

3. 用 DJ6 光学经纬仪采用测回法测定水平角时，上、下半测回角值之差应不超过_____，各测回之间角值之差应不超过_____。

4. 若一个测站上观测的方向多于两个，采用_____测量水平角较方便。

5. 竖盘指标差的计算公式为_____。

6. 用测回法对某一角度观测两个测回，第二测回起始位置的水平度盘配置值应为_____。

7. 测回法是测定水平角的基本方法，用于测定_____之间的水平夹角。

8. 由于水平度盘是按顺时针刻划和注记的，所以在计算水平角时，是用_____目标的读数减去_____目标的读数。如果不够减，则应在右目标的读数上加_____，再减去左目标的读数，绝不可以反过来减。

三、判断

1. 测量水平角时，要用望远镜十字丝的竖丝尽量瞄准目标的底部。　　　　　（　　）

2. 观测水平角时，上半测回应逆时针转动照准部。　　　　　　　　　　　（　　）

3. 照准部旋转中心与水平度盘几何圆心不重合之差为照准部偏心差。　　　（　　）

4. 竖盘顺时针注记的经纬仪，盘右测得读数为 $290°35'24''$，则此角值为 $-20°35'24''$。

　　　　　　　　　　　　　　　　　　　　　　　　　　　　　　　　　（　　）

四、问答题

1. 试述测回法一测回的观测步骤。

2. 试述方向观测法（全圆测回法）的观测方法。

3. 观测水平角时，怎样使水平度盘起始读数对准稍大于 $0°$ 处？若测三个测回，各测回盘左起始方向读数应为多少？这样做的目的是什么？

4. 试述竖直角观测的步骤。

5. 采用盘左、盘右角值取平均可以消除或削弱哪些误差？

1. 测回法水平角观测数据整理与计算。

(1)观测数据如下：

第一测回：

盘左：A：$0°16'00''$ B：$87°36'40''$

盘右：A：$180°15'50''$ B：$267°36'28''$

第二测回：

盘左：A：$90°10'16''$ B：$177°30'44''$

盘右：A：$270°09'58''$ B：$357°30'40''$

(2)将上述观测数据按要求整理填入表 3-4 并进行计算。

表 3-4　水平角观测记录(测回法)

测站	测回	目标	盘位	水平度盘读数 /(° ′ ″)	半测回角值 /(° ′ ″)	一测回平均角值/(° ′ ″)	各测回平均角值/(° ′ ″)
O	1	A	左				
		B					
		B	右				
		A					
	2	A	左				
		B					
		B	右				
		A					

2. 竖直角观测记录整理。

仪器安置于 O 点，盘左和盘右瞄准 A 的竖盘读数分别为 $72°18'30''$ 和 $287°42'00''$。盘左和盘右瞄准 B 的竖盘读数分别为 $96°33'00''$ 和 $263°27'18''$。将上述数据填入表 3-5 中的正确位置，并进行计算。

表 3-5　竖直角观测记录

测站	目标	盘位	竖直度盘读数 /(° ′ ″)	半测回角值 /(° ′ ″)	指标差 /(° ′ ″)	一测回平均角值/(° ′ ″)	备注
O							竖盘为顺时针注记

3. 将表 3-6 中用方向观测法观测数据的表格计算完整。

表 3-6　方向观测法记录

测站	测回数	目标	水平盘读数		2c	平均读数	归零后方向值	各测回归零方向值的平均值	备注
			盘左	盘右					
			/(° ′ ″)	/(° ′ ″)	/(″)	/(° ′ ″)	/(° ′ ″)	/(° ′ ″)	
O	1	A	0 02 36	180 02 36					
		B	70 23 36	250 23 42					
		C	228 19 24	48 19 30					
		D	254 17 54	74 17 54					
		A	0 02 30	180 02 36					
	2	A	90 03 12	270 03 12					
		B	160 24 06	340 23 54					
		C	318 20 00	138 19 54					
		D	344 18 30	164 18 24					
		A	90 03 18	270 03 12					

第4章

距离测量

4.1 距离测量

一、名词解释

1. 水平距离:

2. 端点尺:

3. 刻线尺:

4. 直线定线:

二、填空

1. 进行精密钢尺量距可能会用_____、_____、_____、_____、_____、_____等测量仪器和工具。

2. 直线定线一般采用_____或_____进行定线。

3. 钢尺量距为了防止错误并提高精度,需进行_____测量。

4. 测距精度一般采用_____误差来评定。

5. 某钢尺的尺长方程为:$L_t = 30.000 - 0.003 + 1.2 \times 10 - 5 \times 30 \times (t - 20\ ℃)$,则该尺的名义长度为_____。

6. 一钢尺的名义长度为 30 m,与标准长度比较得实际长度为 30.015 m,则用其量得两点之间的距离为 64.780 m,该距离的实际长度是_____。

7. 对一段距离进行往返丈量,其值分别为 72.365 m 和 72.353 m,则其相对误差为_____。

8. 用钢尺量距时,量得倾斜距离为 123.456 m,直线两端的高差为 1.987 m,则高差改正为_____。

9. 钢尺的尺长误差对距离测量产生的影响属于_____。

10. 电磁波测距的基本公式 $D = \frac{1}{2}ct$ 中 t 为_____。

1. 进行精密钢尺量距时，可采用鉴定过的皮卷尺或钢尺进行量距。 （　　）
2. 精密钢尺量距可采用目估定线法和仪器定线法来进行。 （　　）
3. 经过鉴定合格的钢尺在进行精密钢尺量距时不需要再进行尺长改正。 （　　）
4. 距离丈量的结果是求得两点之间的水平距离。 （　　）
5. 用钢尺进行一般方法量距，其测量精度一般能达到 1/10 000。 （　　）
6. 为方便钢尺量距工作，有时要将直线分成几段进行丈量。这种把多根标杆标定在直线上的工作，称为定向。 （　　）
7. 在距离丈量中衡量精度的方法是用中误差法。 （　　）
8. 精密钢尺量距时，丈量温度低于标准温度，如不加温度改正，则所量距离会大于实测距离。 （　　）
9. 精密钢尺量距中，所进行的倾斜改正量既有可能是正，也有可能是负。 （　　）
10. 视距测量的精度通常是高于精密钢尺量距的。 （　　）

四、问答题

1. 钢尺量距的精密方法通常要进行哪几项改正？

2. 钢尺量距时的注意事项有哪些？

3. 简述视距测量的观测步骤。

五、计算题

1. 丈量两段距离，一段往测为 126.78 m，返测为 126.68 m；另一段往测、返测分别为 357.23 m 和 357.33 m。试问哪一段丈量的结果比较精确？为什么？两段距离丈量的结果各等于多少？

2. 设拟测设 AB 的水平距离 $D_0=18$ m，经水准测量得相邻桩之间的高差 $h=0.115$ m。精密丈量时所用钢尺的名义长度 $L_0=30$ m，实际长度 $L=29.997$ m，膨胀系数 $\alpha=1.25\times10^{-5}$，检定钢尺时的温度 $t=20$ ℃。求在 4 ℃环境下测设时，在地面上应量出的长度 D。

3. 视距测量中，已知测站点 $H_O=65.349$ m，量得仪器高 $i=1.457$ m，测点为 P 点，观测得：视距读数为 0.492 m，中丝读数为 1.214 m，竖盘读数为 95°06′(顺时针注记)，竖盘指标差为 +1′，计算平距和 P 点的高程。

4. 已知钢尺的尺长方程式为 $L_t=30$ m -0.008 m $+1.2\times10-5(t-20$ ℃$)\times30$ m，用该钢尺丈量 AB 的长度为 125.148 m，丈量时的温度 $t=+25$ ℃，AB 两点的高差 $h_{AB}=0.200$ m，计算 AB 直线的实际距离。

5. 试完成表 3-7 中经纬仪普通视距测量记录。

表 3-7　经纬仪普通视距测量记录

仪器型号　J6　　　　测站　A　　　　测站高程　20.18　　　　仪器高　1.42　　　　指标差　0

测点	下丝读数与上丝读数尺间隔/m	中丝读数/m	竖盘直角/(° ′)	竖直角/(° ′)	水平距离/m	高差/m	高程/m	备注
1	1.768	1.35	80°26′					
	0.934							
	0.834							
2	2.182	1.42	88°11′					
	0.660							
	1.522							

4.2　直线定向

1. 直线定向：

2. 方位角：

3. 象限角：

4. 真北方向：

5. 坐标方位角：

二、填空

1. 直线定向的标准方向有_____、_____、_____。

2. 某点磁偏角为该点_____方向与该点_____方向的夹角。

3. 由坐标纵轴线北端方向_____旋转到测线的水平夹角称为直线的坐标方位角。

4. 坐标方位角的取值范围是_____。

5. 正反坐标方位角相差_____。

6. 地面上有 A、B、C 三点，已知 AB 边的坐标方位角为 $35°23'$，又测得左夹角为 $89°34'$，则 CB 边的坐标方位角为_____。

7. 直线的象限角是指直线与标准方向的北端或南端所夹的_____角，并要标注所在象限。

8. 象限角的取值范围为_____。

9. 某直线的坐标方位角为 $225°$，也可以用_____的象限角表示。

10. 在导线 ABC 中，BA、BC 的坐标方位角分别为 $205°30'$ 和 $119°30'$，则左夹角 $\angle ABC$ 为_____。

三、判断

1. 方位角就是从标准方向的北端逆时针方向量到该直线的夹角。　　　　　　（　　）

2. 地面上同一点的磁北和真北方向是不重合的。　　　　　　　　　　　　（　　）

3. 能测定直线磁方位角的仪器是罗盘仪。　　　　　　　　　　　　　　　（　　）

4. 高斯平面直角坐标系中的方位角是按横坐标东端起顺时针量取的。　　　（　　）

5. 坐标纵轴方向是指中央子午线方向。　　　　　　　　　　　　　　　　（　　）

1. 什么是方位角？根据标准方向的不同，方位角可分为哪几种？

2. 什么是象限角？象限角与方位角有何关系？

3. 什么是坐标正反算？

1. 如图 3-3 所示，已知 15 边的坐标方位角 A_{15} 和多边形的各内角，试推算其他各边的坐标方位角。

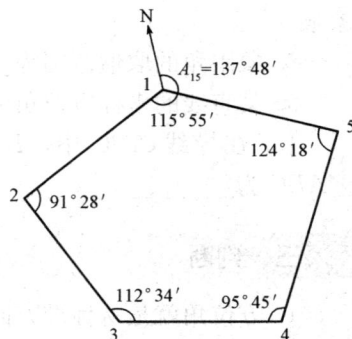

图 3-3

2. 已知图 3-4 中 AB 的坐标方位角，观测了图中 4 个水平角，试计算边长 B1、12、23、34 的坐标方位角。

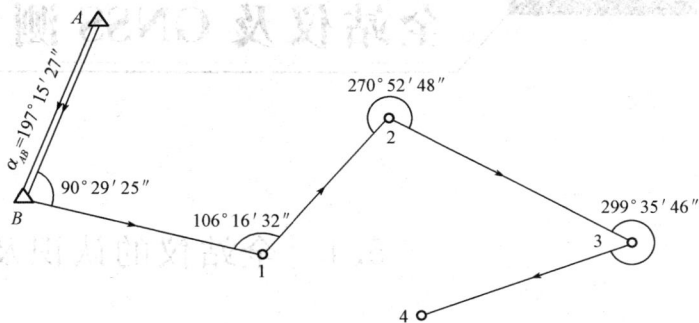

图 3-4

3. 导线坐标计算，如图 3-5 所示，已知 $\alpha_{AB} = 45°50'54''$，$X_B = 452.78 \text{ m}$，$Y_B = 124.50 \text{ m}$，$\beta_1 = 254°30'48''$，求 C 点的坐标。

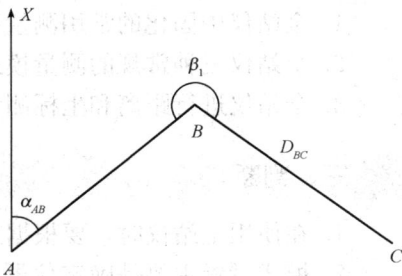

图 3-5

第 5 章 全站仪及 GNSS 测量技术

5.1 全站仪的认识及使用

一、名词解释

1. 棱镜常数：

2. 后视定向：

二、填空

1. 全站仪中固化的常用测量程序是_____、_____、_____、_____。
2. 全站仪三种常规的测量模式包括_____、_____、_____。
3. 全站仪进行距离和坐标测量时，仪器需要设置_____、_____。

三、判断

1. 在使用全站仪时，要根据工作时的气候条件，设置工作参数。 （　　）
2. 模式设置主要是确定仪器在工作时的状态，其设置内容和方法可以根据工作需要，按菜单提示予以设置并确认。 （　　）
3. 用全站仪进行测量时，不是必须设置棱镜常数。 （　　）

四、问答题

1. 全站仪在测量中的应用有哪些？

2. 全站仪的安置方法是什么？

3. 试述用全站仪进行坐标测量的操作步骤。

4. 试述用全站仪进行施工放样测量的操作步骤。

5.2　GNSS 原理及应用

1. GNSS：

2. 整周跳变：

3. 赤经：

4. 多路径效应：

5. 伪距：

6. 广播星历：

7. 黄道：

1. 目前，应用最多的全球定位系统包括_____、_____、_____、_____。

2. 差分 GPS 可以分为_____、_____、_____三种类型。

3. GPS 接收机按载波频率分为_____、_____。

4. GPS 卫星信号包含_____、_____、_____三类。

5. 考虑到 GPS 定位时的误差源，常用的差分法有如下三种：_____、_____、_____、_____。

6. GPS 主要由_____、_____、_____三部分组成。

7. 在进行 GPS 测量时，观测量中存在_____和_____两种误差。其中，_____影响尤其显著。

8. GPS 接收机主要由_____、_____、_____三部分组成。

1. 在用 GPS 软件进行平差时，要选择横轴墨卡托投影为投影方式。（ ）

2. 计量原子时的时钟称为原子钟，国际上以铯原子钟为基准。（ ）

3. 地球在绕太阳运行时，地球自转轴的方向在天球上缓慢地移动，春分点在黄道上随之缓慢移动，这种现象称为章动。（ ）

4. 在 GPS 测量中，观测值都是以接收机点位中心的位置为准。（ ）

5. 在定位工作中，卫星信号被暂时阻挡或受到外界干扰影响，引起卫星跟踪的暂时中断，使计数器无法累积计数，这种现象叫作多路径效应。（ ）

6. GPS 卫星信号取无线电波中 L 波段的两种不同频率的电磁波作为载波，在载波 2 L 上调制有 P 码和数据码。（ ）

1. 如何减弱 GPS 接收机钟差？

2. 简述 GPS 网的布设原则。

3. 简述卫星大地测量的作用。

4. GPS 技术设计中应考虑哪些因素？

5. 在用 GPS 信号传递时间时，存在着哪三种时间尺度(时标)？

第6章

测量误差的基本知识

6.1 测量误差的来源与分类

一、名词解释

1. 观测条件：

2. 等精度观测：

3. 非等精度观测：

4. 系统误差：

5. 偶然误差：

6. 粗差：

二、填空

1. 在测量工作中，常将观测者、仪器和外界条件统称为_____。
2. _____的观测，称为等精度观测。
3. 对测量工作来说，_____是不可避免的，_____是不允许存在的。
4. 在相同的观测条件下，对某量进行一系列的观测，如果误差出现的符号和大小均_____，或_____，这种误差称为系统误差。
5. 当设法消除或减弱系统误差后，决定观测精度的关键是_____。
6. 偶然误差所具有的四个特性是_____、_____、_____、_____。
7. 根据测量误差对观测成果的影响性质，可将误差分为_____和_____。
8. 偶然误差的_____，随着观测次数的无限增加而趋向于 0。
9. 绝对值相等的正、负误差出现的机会_____。
10. _____误差服从于一定的统计规律。
11. 测量误差产生的原因主要有三方面，即_____原因、_____原因和_____原因。
12. 测量误差按其对观测结果影响的性质不同，可分为_____误差和_____误差。
13. 真误差为_____与_____之差。

1. 绝对值小的误差比绝对值大的误差出现的机会多。 （ ）
2. 绝对值相等的正误差与负误差出现的机会不相同。 （ ）
3. 绝对值大的误差比绝对值小的误差出现的机会多。 （ ）
4. 从误差分类来看，钢尺尺长误差属于偶然误差。 （ ）
5. 偶然误差具有累积性、单向性，对测量结果影响较大。 （ ）
6. 测量过程中的误差和错误都是不可避免的。 （ ）
7. 水准尺倾斜对水准测量读数所造成的误差是系统误差。 （ ）
8. 钢尺的不水平对距离测量所造成的误差是偶然误差。 （ ）
9. 水准尺底部磨损对水准测量读数所造成的误差是偶然误差。 （ ）
10. 估读误差对水准尺读数所造成的误差是偶然误差。 （ ）

四、问答题

1. 列举实际观测过程中的三种系统误差。

2. 列举实际观测过程中的偶然误差。

6.2　误差传播定律

一、名词解释

1. 误差传播定律：

2. 中误差：

3. 极限误差：

4. 相对中误差：

5. 观测值改正数：

6. 算术平均值：

7. 改正数：

二、填空

1. 在测量工作中，通常取_____作为容许误差。

2. 相对误差是中误差的绝对值与观测值的_____，通常用分子为_____的分数形式表示。

3. 在实际测量工作中，容许误差还称为_____。

4. 算术平均值称为最可靠值，也称为_____。

5. 设对某角度观测四个测回，每一个测回的测角中误差为±5″，则算术平均值的中误差为_____。

6. 设观测一个角度的中误差为±8″，则三角形内角和的中误差为_____。

7. 平均值与观测值之差为_____。

8. 丈量一正方形的 4 个边长，其观测中误差均为±2 cm，则该正方形的周长中误差为_____。

9. 设对某角观测一个测回的观测中误差为±3″，现要使该角的观测结果精度达到±1.4″，则需观测_____个测回。

三、判断

1. 在一定的观测条件下，偶然误差不会超过一定的限值。   （   ）

2. 在工程测量工作中，一般以 2 倍的中误差作为容许误差，当精度要求不高时，以 3 倍的中误差作为容许误差。   （   ）

3. 在测量工作中，如果外业观测的误差大于容许误差，就需要进行平差计算，即每个观测值加上一个改正数就可以了。   （   ）

4. 算术平均值称为最可靠值，也称为最或是值。   （   ）

5. 观测值与真值之差称为改正数。   （   ）

四、问答题

1. 用同一架仪器测两个角度，$A = 10°20.5' \pm 0.2'$，$B = 81°30' \pm 0.2'$，哪个角精度高？为什么？

2. 用同一把钢尺丈量两条直线，一条为 1 300 m，另一条为 350 m，中误差均为±20 mm，请问两丈量的精度是否相同？如果不同，应采取何种标准来衡量其精度？

3. 用什么标准来衡量一组观测结果的精度？

五、计算题

1. 同精度丈量某直线四次，各次丈量结果分别为：87.935 m、87.907 m、87.910 m、87.940 m。求最或是值、观测值中误差、算术平均值中误差及其相对误差。请在表 3-8 中完成计算。

表 3-8　最或是值、观测值中误差、算术平均值中误差及其相对误差记录

观测次数	观测值 L_i /m	改正数 v /mm	vv	计算
1	87.935			
2	87.907			$\sum L_i =$
3	87.910			$L = \dfrac{\sum L_i}{n} =$ $m = \pm\sqrt{\dfrac{[vv]}{n-1}} =$
4	87.940			$M = \pm\sqrt{\dfrac{[vv]}{n(n-1)}} =$
$\sum$				

2. 在三角形 ABC 中，已测出 $A = 30°00' \pm 4'$，$B = 60°00' \pm 3'$，求 C 及其中误差。

3. 两个等精度角度之和的中误差为 $\pm10''$，请问每一个角的中误差为多少？

4. 水准测量中已知后视点 A 读数为 $a=1.735$ m，中误差为 $m_a=\pm0.002$ m，前视点 B 读数为 $b=0.576$ m，中误差为 $m_b=\pm0.003$ m，试求 AB 两点之间的高差及其中误差。

5. 一段距离分为三段丈量，分别量得 $S_1=42.74$ m、$S_2=148.36$ m、$S_3=84.75$ m，它们的中误差分别为：$m_1=\pm2$ cm、$m_2=\pm5$ cm、$m_3=\pm4$ cm，试求该段距离总长 S 及其中误差 m_s。

6. 在比例尺为 1∶500 的地形图上，量得两点之间的长度为 $l=23.4$ mm，其中误差为 $m_1=\pm0.2$ mm，求该两点之间的实地距离 L 及其中误差 m_L。

7. 在斜坡上丈量距离，其斜距为 $S=247.50$ m，中误差为 $m_s=\pm0.5$ cm，用测斜器测得倾斜角为 $\alpha=10°30'$，其中误差为 $m_\alpha=\pm3''$，求水平距离 d 及其中误差 m_d。

8. 对一角度以同精度观测五次，其观测值为：$45°29'54''$、$45°29'55''$、$45°29'55.7''$、$45°29'55.9''$、$45°29'55.4''$，试列表计算该观测值的最或然值及其中误差。

9. 对某段距离进行了六次同精度观测，其观测值为：346.535 m、346.548 m、346.520 m、346.546 m、346.550 m、346.573 m，试列表计算该距离的算术平均值、观测值中误差及算术平均值中误差。

第 7 章

控制测量

7.1 控制测量概述

一、名词解释

1. 控制测量：

2. 导线测量：

3. 交会测量：

二、填空

1. 控制测量包括_____和_____。
2. 平面控制通常采用_____、_____、_____和 GPS 测量。
3. 直接供测图使用的控制点，称为_____。
4. 地形起伏较大，直接进行水准测量较困难的地区，可采用_____建立高程控制网。
5. 只有一套必要起算数据的控制网称为_____，多于一套必要起算数据的控制网称为_____。

三、判断

1. 测量工作必须遵守"从整体到局部、先控制后碎部"的原则。   (   )
2. 直线定向即测定直线的方位角。   (   )
3. 在小于 100 km² 的范围内建立的控制网，称为小区域控制网。   (   )

四、问答题

1. 控制测量的作用是什么？建立平面控制和高程控制的方法主要有哪些？

2. 三角高程控制测量适用于什么条件？说明其优缺点。

3. 国家平面控制网及高程控制网是怎样布设的？

7.2　导线测量

一、名词解释

1. 附合导线：

2. 闭合导线：

3. 支导线：

二、填空

1. 按照不同的情况和要求，单一导线可布设为_____、_____和_____。

2. 闭合导线角度和的理论值为_____。

3. 支导线因为缺乏检核条件，因此支出点的个数一般不超过_____个。

4. 导线测量的外业工作有踏勘选点、_____、_____、导线联测。

5. 导线角度闭合差（左角）的调整方法是_____。

6. 某导线全长 560 m，纵、横坐标增量闭合差分别为 $f_x=0.11$ m，$f_y=-0.14$ m，则导线全长闭合差为_____ m，导线全长相对闭合差为_____ m。

三、判断

1. 坐标增量是相邻两点之间的坐标和。　　　　　　　　　　　　　　（　　）

2. 导线转折角的测量一般采用测回法观测。　　　　　　　　　　　　（　　）

3. 改正后的坐标增量是把各坐标增量计算值加上相应的改正数。　　　（　　）

1. 布设导线有哪几种形式？对于导线点布设有哪些基本要求？

2. 导线测量有哪些外业、内业的工作？为什么导线点要与高等级控制点联测？联测的方法有哪些？

3. 闭合导线计算和附合导线计算有哪些异同点？

五、计算题

1. 已知 A 点的坐标为(180.00，350.00)，直线 AB 的方位角为 $38°56'20''$，距离 $D_{AB} = 104.569$ m，求 B 点的坐标。

2. 如图 3-6 所示，AB 的坐标方位角 $\alpha_{BA} = 346°12'22''$，$A$ 点的坐标为（1 006.35，1 864.00），角度 $\beta_1 = 88°22'36''$，$\beta_2 = 290°15'32''$，AB、BC、CD 的长度分别为 148.23 m、120.66 m、109.32 m。求 B、C、D 点的坐标。

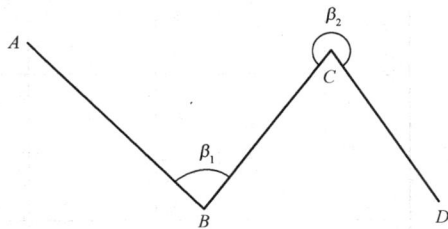

图 3-6

3. 如图 3-7 所示，已知 A 点坐标为（1 609.33，1 926.56），B 点坐标为（1 868.30，1 790.23），C 点坐标为（2 034.56，1 821.03）。求 $\triangle ABC$ 各内角（利用各边坐标方位角进行推算，不可用余弦定理，精确到秒，并检查三角形内角之和是否为 180°）。

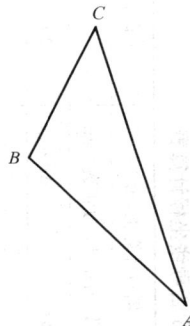

图 3-7

4. 根据表 3-9（闭合导线的观测数据及已知数据），试完成闭合导线坐标计算表（表 3-10）。

表 3-9　闭合导线观测数据及已知数据

点号	观测角值（左）/(° ′ ″)	边长/m	坐标方位角 α /(° ′ ″)	坐标/m	
				X	Y
A	108 53 08			500.00	500.00
		243.69	24 28 00		
B	108 08 43				
		257.63			
C	109 17 21				
		268.37			
D	107 53 47				
		245.94			
E	105 47 46				
		283.20			
A					

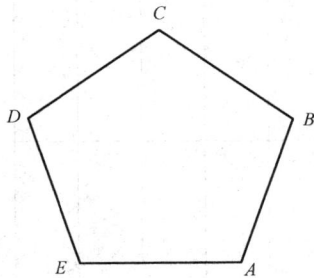

表3-10 闭合导线坐标计算表

点号	转折角β(左角)			方位角α /(° ′ ″)	边长D /m	增量计算值/m		改正后增量值/m		坐标/m	
	观测值/(° ′ ″)	改正数/(° ′ ″)	改正后角值/(° ′ ″)			Δx 改正数/mm	Δy 改正数/mm	Δx	Δy	X	Y
A										500.00	500.00
B				24 28 00							
C											
D											
E											
A											
B											
Σ											

计算: 角度闭合差 $f_\beta=$ 坐标增量闭合差 $f_x=$, $f_y=$

允许闭合差 $f_{\beta允}=$ 导线全长绝对闭合差 $f=$

角度改正数 $v=$ 导线全长相对闭合差 $K=$

5. 附合导线略图及观测数据如图 3-8 所示，试完成附合导线坐标计算表(表 3-11)。

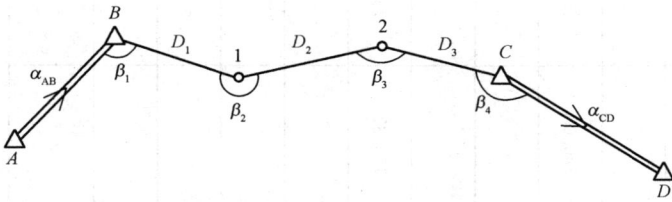

图 3-8

观测数据及已知数据：$D_1 = 297.26$ m、$D_2 = 187.81$ m、$D_3 = 93.40$ m，$\beta_1 = 120°30'00''$、$\beta_2 = 212°15'30''$、$\beta_3 = 145°10'00''$、$\beta_4 = 170°18'30''$，$\alpha_{AB} = 45°00'00''$、$\alpha_{CD} = 116°44'48$。

注意计算中左右转折角的问题。

表 3-11　附合导线坐标计算表

点号	转折角 β(右角) 观测值/(° ′ ″)	转折角 β(右角) 改正数	转折角 β(右角) 改正后角值/(° ′ ″)	方位角 α /(° ′ ″)	边长 D /m	增量计算值/m Δx	增量计算值/m Δy	改正数/mm Δx	改正数/mm Δy	改正后增量值/m Δx	改正后增量值/m Δy	坐标/m X	坐标/m Y
A													
B												200.00	200.00
1													
2													
C												155.37	756.06
D													
Σ													

计算：角度闭合差 $f_\beta=$　　　

允许闭合差 $f_{\beta允}=$　　　

角度改正数 $v=$　　　

坐标增量闭合差 $f_x=$　　　，$f_y=$　　　

导线全长绝对闭合差 $f=$　　　

导线全长相对闭合差 $K=$

第8章
地形图的测绘及应用

8.1　地形图的测绘

一、名词解释

1. 地物：

2. 地貌：

3. 等高线：

4. 首曲线：

5. 等高距：

6. 等高线平距：

7. 比例尺精度：

二、填空

1. 在比例尺为 1∶2 000 的地形图上，图上距离为 12.14 cm，则实际长度为_____ m。
2. 等高线平距越大，则坡度_____。
3. 等高线与山脊线、山谷线_____。
4. 测绘地形图时，碎部点的高程注记应字头向_____。
5. 地物在地形图中的表示方法有_____、_____、_____、_____。
6. 点在等高线上，则该点的高程等于_____。
7. 一幅图的图名应标于图幅_____。
8. 测绘地形图时，地物特征点应选择_____、地貌特征点应选择_____。
9. 常说的 4D 产品主要指_____、_____、_____和_____。

三、判断

1. 测图比例尺越大，表示地表状况越详尽。 （　　）

2. 根据地形图上等高线的疏密可判定地面坡度的大小。 （　　）

3. 山脊线也叫作集水线。 （　　）

4. 1∶1 000、1∶2 000、1∶500、1∶5 000 比例尺的地形图中，比例尺最大的是 1∶5 000。 （　　）

四、问答题

1. 什么是地形图？什么是平面图？

2. 等高线有哪几种类型？等高线有哪些特性？

3. 测图前有哪些准备工作？

4. 试述用经纬仪测绘法在一个测站上测绘地形图的工作步骤。

5. 简述数字化测图的主要作业过程及数据采集方法。

8.2　地形图的应用

一、名词解释

1. 零位线：

2. 碎部测量：

1. 平整场地时，填挖高度是地面高程与_____之差。

2. 地形图上面积的量算方法有图解法、_____和_____。

3. 在地形图上，判断山丘和盆地的方法有_____和_____。

4. 地性线主要包括_____和_____。

5. 地形图的分幅方式有_____法和_____法。

6. 在地形图上确定点的高程，当点不在等高线上时，通常采用_____来计算该点的高程。

7. 在地形图上计算平整土地的土方量有_____法和_____法。

8. 在比例尺为 1∶1 000 的地形图上，若等高距为 1 m，现要设计一条坡度为 4% 的等坡度路线，则图上相邻两条等高线间距应为_____ m。

9. 在地形图上，量得 A 点高程为 21.17 m，B 点高程为 16.84 m，AB 之间的距离为 279.50 m，则直线 AB 的坡度为_____。

10. 要从 M 向山顶 N 确定一条路线，已知基本等高距为 5 m，比例尺为 1∶10 000，规定坡度为 5%，图上最短路线平距是_____。

11. 用方格法进行填、挖土(石)方量的计算时，设计高程的计算公式可表示为_____。

12. 地形图上，角点的挖(填)土方量可以按公式_____计算。

三、判断

1. 汇水面积的边界线是由一系列山脊线连接而成的。　　　　　　　　（　　）

2. 坡度是高差与水平距离之比，其比值大说明坡缓。　　　　　　　　（　　）

3. 在地形图上按一定方向绘制纵断面图时，其高程比例尺和水平距离比例尺一般应相同。

　　　　　　　　　　　　　　　　　　　　　　　　　　　　　　　　　（　　）

四、问答题

1. 何谓汇水面积？为什么要计算汇水面积？

2. 简述地形图的主要用途。

3. 如何利用地形图绘制已知方向纵断面图？

第9章 测设的基本工作

9.1 基本元素的测设

一、名词解释

1. 测设：

2. 水平角测设：

3. 水平距离测设：

4. 高程测设：

二、填空

1. 水平角度测设可分为_____法和_____法。
2. 高程测设主要采用_____方法，有时也可采用_____和_____的方法。
3. 平面坐标放样可采用_____或_____来进行。

三、判断

1. 将实地地物测到图纸上可以称为测设。 （   ）
2. 用一般方法测设水平角时可只用盘左进行。 （   ）
3. 进行距离测设时，误差标准一般采用中误差来限定。 （   ）

四、问答题

1. 测设与测量有何不同？

2. 水平角测设的方法有哪些？各适用于什么情形？

3. 简述高程测设过程。

五、计算题

1. 欲在地面上测设一个直角∠AOB，先测出该直角，经检测其角值为 90°01′34″，若 OB=150 m，为了获得正确的直角，试计算 B 点的调整量，并绘图说明。

2. 建筑场地上水准点 A 的高程为 138.416 m，欲在待建房屋近旁的电线杆上测设出 ±0.000 m 的标高，±0.000 m 的设计高程为 139.000 m。设水准仪在水准点 A 所立水准尺上的读数为 1.034 m，试绘图说明测设方法。

9.2　平面点位的测设

一、名词解释

1. 极坐标法平面点位测设：

2. 角度交会法平面点位测设：

3. 距离交会法平面点位测设：

二、填空

1. 采用极坐标法进行平面点位测设时，常会采用的测量仪器有_____和_____，或_____。

2. 施工点位测设与测图相比，一般情况下，_____的精度要求更高。

3. 测设的基本工作是测设已知的_____、_____和_____。

三、判断

1. 用直角坐标法测设点的平面位置，其计算简单、施工方便、精度较高。 （ ）

2. 用极坐标法测设点位时，需要计算的放样数据为角度和高程。 （ ）

3. 待测设点距离控制点较远或量距不方便时可采用直角坐标法来测设。 （ ）

四、问答题

1. 点的平面位置测设方法有哪几种？各适用于什么场合？各需要哪些测设数据？

2. 试述全站仪坐标放样的基本步骤。

五、计算题

1. 如图 3-9 所示，已知坐标方位角 $\alpha_{MN} = 265°30'$，M 点坐标为 $x_M = 327.5$ m，$y_M = 452.08$ m，待测设点 O 的坐标为 $x_O = 348.85$ m，$y_O = 430.73$ m，以 M 点为测站点，以 N 点为后视点，用极坐法测设 O 点，试计算放样数据。

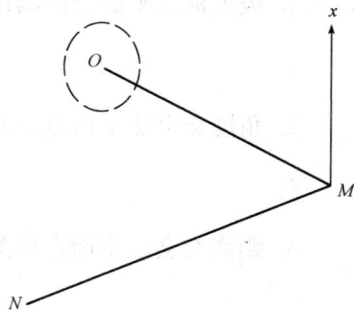

图 3-9

9.3 曲线测设

一、名词解释

1. 圆曲线：

2. 缓和曲线：

3. 竖曲线：

二、填空

1. 在线路工程中，曲线的形式有多种，如_____、_____、_____、_____等。
2. 圆曲线要素有_____、_____、_____、_____。
3. 缓和曲线常数有_____、_____、_____、_____、_____。
4. 缓和曲线的主点有_____、_____、_____、_____、_____。
5. 竖曲线测设元素有_____、_____、_____。

三、判断

1. 圆曲线测设时一般要测设出曲线的圆心位置。 （ ）
2. 圆曲线测设通常分两步，首先进行主要点测设，然后进行曲线详细测设。 （ ）
3. 竖曲线测设的方法主要有水准法和三角高程法。 （ ）

四、问答题

1. 计算圆曲线的主点需要哪些已知参数？决定圆曲线主点的曲线要素是什么？

2. 试述偏角法测设圆曲线的步骤。

3. 试述曲线测设的常用方法。

1. 已知圆曲线的半径 $R=30$ m，转角 $\alpha=60°$，整桩间距 $l=50$ m，JD 里程 $=$ K1$+$142.50，试列表计算主点定位参数、主点里程。

2. 已知半径 $R=1\,100$ m，转角 $\alpha=11°35'$，缓和曲线长度 $l_0=80$ m，JD 里程 $=$ K56$+$510.57，试列表计算带缓和曲线后的测量主点定位参数、主点里程。

3. 测设凹形竖曲线，已知 $i_1=-1.114\%$，$i_2=+0.154\%$，变坡点的桩号为 K1$+$670，高程为 48.60 m，设计半径 $R=5\,000$ m。求各测设元素、起点和终点的桩号与高程、曲线上每 10 m 间隔里程桩高程的改正数与设计高程。

第 10 章

水利工程测量

10.1　土石坝及水闸施工测量

一、名词解释

1. 水利工程测量：

2. 坡脚线：

3. 边坡放样：

4. 轴距杆：

二、填空

1. 大坝为常见的水工建筑物，按坝型可分为_____、_____、_____、_____。

2. _____是土石坝施工放样的主要依据，在施工干扰较大的情况下，还要进行坝身控制测量。坝身控制测量包括_____和_____的建立。

3. 坝身控制测量包括_____和_____两种控制线的测设。

4. 清基开挖线的放样精度要求不高，通常采用_____方法求得放样数据。

5. 常用于放样坡脚线的两种方法有_____和_____。

6. 水闸一般由_____、_____、_____三部分组成。其中，闸室是水闸控制水流的主体部分，包括_____、_____、_____、_____等几部分。上、下游连接段包括_____、_____、_____、_____、_____等。

三、判断

1. 土石坝的施工测量，平面控制点一般选在坝的下游、地质条件较好的地方，埋设永久性标志。　　　　　　　　　　　　　　　　　　　　　　　　　　　（　　）

2. 用于土石坝施工放样的高程控制，可由若干永久性水准点组成基本网和临时作业水准点两级布设。　　　　　　　　　　　　　　　　　　　　　　　　　（　　　）

3. 淹没界桩分为永久性和临时性两种。临时界桩高程测设误差应不超过 0.2 m；永久界桩高程测设误差应小于 0.1 m。　　　　　　　　　　　　　　　　　　（　　　）

四、问答题

1. 试述水利工程测量的主要内容。

2. 试述土石坝施工过程中的测量工作。

3. 试述垂直于坝轴线控制线的测设步骤。

4. 试述水闸具体的放样步骤。

10.2　渠道测量

一、名词解释

1. 勘查选线：

2. 渠道中线测量：

3. 渠道纵断面测量：

4. 渠道横断面测量：

二、填空

1. 渠道按用途可分为_____、_____、_____、_____、_____等。
2. 渠道施工放样的具体工作包括_____、_____、_____、_____。
3. 水位测量包括_____、_____、_____三项内容。
4. 水深测量的常用工具有_____、_____、_____等。

三、判断

1. 渠道纵、横断面测量是设计渠底高程、计算填挖土石方量和拟定施工计划的主要材料。
                                                                        （   ）

2. 纵、断面图是以里程桩和加桩高程为纵坐标，以里程桩和加桩的里程作为横坐标，按比例绘制的。   （   ）

3. 渠道施工放样的主要任务是在每个里程桩和加桩上将渠道设计横断面按尺寸在实地标定出来，以便于施工。   （   ）

四、问答题

1. 渠道测量的主要内容是什么？

2. 勘查选线的原则是什么？

3. 渠道中线测量时，需要增设加桩的情况是什么？

4. 试述横断面测量的步骤。

10.3   河道纵、横断面及水下地形测量

一、名词解释

1. 断面基点：

2. 正面基线：

3. 侧面基线：

4. 水下地形测量：

二、填空

1. 水下地形点布设的方法主要有_____、_____两种。
2. 码头按结构形式可分为_____、_____两种。
3. 方形桩的测设方法有_____、_____两种。
4. 重力式码头按形式可分为_____、_____、_____三种。

三、判断

1. 河道纵断面图中，横向表示河长，纵向表示高程。   （   ）
2. 圆形桩在吊入龙口时会发生旋转，无法用桩的中心线作为定位标志，通常改用辅助测钎法定位。   （   ）
3. 基床施工的顺序是先抛石后铺沙，然后对基床表面进行粗平、细平。   （   ）
4. 方块安装的测量工作是在水下底层方块边缘 30～50 cm 设置一条安装基线，作为潜水员进行水下安装的依据。   （   ）

四、问答题

1. 简述河道横断面图的测绘步骤。

2. 河道纵断面设计的具体内容是什么?

3. 水下地形点的密度要求是什么?

4. 试述打桩前定位工作的操作步骤。

第 11 章

工业与民用建筑测量

11.1 建筑场地上的施工控制测量

一、名词解释

1. 施工测量：

2. 施工坐标系：

3. 建筑基线：

4. 建筑方格网：

5. 施工水准点：

6. 建筑红线：

二、填空

1. 施工平面控制网经常采用的形式有_____、_____、_____。施工高程控制网常采用_____。

2. 采用三角网作施工控制网时，常布设_____和_____两级。

3. 在施工场地面积较大时，高程控制网可分为_____和_____两级，相应的水准点称为_____和_____。

4. 在一般建筑场地，通常埋设_____个基本水准点，布设成_____。

5. 当厂区面积较大时，建筑方格网分为两级，首级采用_____、_____或_____，然后再加密方格网。

6. 建筑基线常用的布设形式有"一"字形、_____、_____和_____。

7. 布设建筑方格网时，应根据总平面图上各建(构)筑物、_____的布置情况，结合现场的地形等条件综合确定。

8. 为了便于施工放样，在每栋较大的建筑物附近，还要测设幢号或_____，其位置多选在较稳定的建筑物外墙立面或柱的侧面。

9. 为了保证各种建筑物、管线等的相对位置能够满足设计要求，便于分期分批进行测

154 ·

设和施工，施工测量必须遵循布局上_____，精度上_____，工作程序上_____。

10. 施工坐标系的原点一般设置在设计总平面图的_____角上。

三、判断

1. 建筑场地的高程控制测量，一般采用水准测量的方法建立。 （　　）
2. 用建筑方格网作控制，适用于各种建筑场地。 （　　）
3. 施工水准点用来检核其他水准点高程是否有变动，其位置应该埋设永久性标志。
　　　　　　　　　　　　　　　　　　　　　　　　　　　　（　　）
4. 基本水准点用来检核其他水准点是否有变动，其位置应该埋设永久性标志。 （　　）
5. 基本水准点是直接用来测设建筑物高程的点，应尽量接近建筑物。 （　　）
6. 施工水准点是直接用来测设建筑物高程的点，应尽量接近建筑物。 （　　）
7. 为了检查建筑基线的点位有无变动，主轴线上的主轴点数不应少于 2 个，且边长为 100～400 m。 （　　）
8. 测设精度要求取决于建（构）筑物的大小、材料、用途等，一般钢结构厂房的精度低于钢筋混凝土结构厂房。 （　　）

四、问答题

1. 建筑施工测量的主要内容有哪些？

2. 施工平面控制网经常采用的形式有哪些？

3. 施工场地高程控制网的布设要求有哪些？

4. 建筑方格网的布设要求有哪些？

5. 建筑基线的布设要求有哪些？

已知施工坐标原点 O 的测量坐标为 $X_O=1\,000.000$ m，$Y_O=1\,000.000$ m，建筑基线点 P 的施工坐标为 $A_P=250.000$ m，$B_P=200.000$ m，设计两坐标系轴线的夹角 α 为 $30°00'00''$。试计算 P 点的测量坐标 X_P、Y_P。

11.2 一般民用建筑施工测量

一、名词解释

1. 建筑物主轴线：

2. 角桩：

3. 建筑物主轴线的定位：

4. 建筑物放线：

5. 水平桩：

二、填空

1. _____是施工测量的依据。测量人员应该了解工程全貌和对测量的要求，熟悉与放样有关的建筑总平面图。

2. 施工场地确定后，为了保证生产运输有良好的联系及合理的组织排水，一般要对场地的自然地形加以平整改造，通常采用_____。

3. 民用建筑物的定位，是根据设计给出的条件，将建筑物的外轮廓墙各轴线的_____测设于地面，作为基础放线和细部放线的依据。

4. 由于基槽开挖后，定位桩和中心桩被挖，为恢复各轴线位置，应把各轴线引测到槽外并做标志，其方法有设置轴线控制桩和_____两种形式。基础垫层打好后，恢复轴线位置的方法有_____投测和_____投测。

5. 建筑用地边界点的连线称为_____。

6. 高层建筑物轴线的投测，一般分为外控法和_____两种。

7. 龙门板上中心钉的位置应在龙门板的_____上。

三、判断

1. 在民用建筑的施工测量中，测设龙门桩属于测设前的准备工作。 （   ）

2. 龙门板上中心钉的位置应在龙门板的内侧面上。 （   ）

3. 龙门板上边缘与龙门桩上的±0.000 m标高线一致。 （   ）

4. 一般墙身砌筑2 m高以后就在室内砖墙上定出0.5 m标高，并弹墨线标明，供室内地坪抄平和装修用。 （   ）

5. 基础施工结束后，应检查基础墙顶面的标高是否符合设计要求。可用水准仪测出基础顶面若干点高程，并与设计高程比较，允许误差为±20 mm。 （   ）

6. 房屋基础墙（±0.000 m以下的墙体）的高度是利用水准仪来控制的。 （   ）

四、问答题

1. 什么是建筑物主轴线的定位？

2. 建筑物测设前的准备工作包括哪些？

3. 建筑物主轴线的定位测量一般包括哪几种方法？

4. 简述设置轴线控制桩的步骤。

11.3 建筑物变形观测

一、名词解释

1. 变形观测：

2. 水准基点：

3. 沉降观测点：

4. 倾斜观测：

二、填空

1. 建筑物的_____监测，是测定建筑物或其基础的高程随着时间的推移所产生的变化。
2. 沉降曲线包括_____和时间与荷载关系曲线。
3. 根据平面控制点测定建筑物的平面位置随时间而移动的大小及方向，称为_____。
4. 某一沉降观测点的_____即首次观测求得的高程与该次复测后求得的高程之差。

三、判断

1. 变形观测的方法，应根据监测项目的特点、精度要求、变形速率以及监测体的安全性等指标确定。　　　　　　　　　　　　　　　　　　　　　　（　　）
2. 建筑物沉降观测是用三角高程测量的方法进行的。　　　　　　　（　　）
3. 拟建建筑场地的沉降观测，应在建筑施工前进行。　　　　　　　（　　）
4. 建筑物水平位移常用的监测方法有角度前方交会法和基准线法等。（　　）
5. 建筑物的沉降监测，首先要布设水准基点，并精确测定其高程。然后根据水准基点，测定各沉降监测点的高程。　　　　　　　　　　　　　　　　（　　）
6. 为了保证水准基点高程的正确性，水准基点至少应布设两个，以便相互检核。
　　　　　　　　　　　　　　　　　　　　　　　　　　　　　　（　　）
7. 在冰冻地区，水准基点应埋设在冰冻线以下 0.5 m。　　　　　　（　　）
8. 在进行建（构）筑物的沉降观测时，主要墙角及沿外墙每隔 10～15 m 处，或每隔 2～3 根柱基上，应该设置观测点。　　　　　　　　　　　　　　（　　）

四、问答题

1. 在建筑物主题结构施工中，变形观测的主要内容有哪些?

2. 建筑物产生倾斜的主要原因有哪些?

3. 建筑物倾斜观测的方法有哪些?

五、计算题

1. 现测得某建筑物前后基础的不均匀沉降量为 0.021 m, 已知该建筑物的高为 21.20 m, 宽为 7.50 m, 求建筑物顶部的倾斜位移值。

2. 烟囱经检测其顶部中心在两个互相垂直的方向上各偏离底部中心 48 mm 及 65 mm, 烟囱的高度为 80 m, 试求烟囱的总倾斜度。

第 12 章 管道工程测量

12.1 管道定线测量

一、名词解释

1. 管道中线测量：

2. 管道的主点：

3. 中桩测设：

4. 管道转向角：

二、填空

1. 管道主点的测设数据可采用图解法、_____和拨角法来确定。

2. 管道主点的测设是利用准备好的数据，采用_____、_____、角度交会法和距离交会法等将管道主点在现场确定下来。

3. 在中桩测设和转向角测量的同时，应将管线情况标绘在已有的地形图上，如无现成的地形图，应将管道两侧带状地区的情况绘制成草图，这种图称为_____。

三、判断

1. 排水管道以下游出水口为起点。   （　　）
2. 整桩和加桩的桩号是它距离管道起点的里程，一般用红油漆写在木桩的侧面。
                                                                        （　　）
3. 当管道建筑规模不大且无现成地形图可供参考时，工程技术人员也不可以在现场直接确定主点位置。   （　　）

四、问答题

1. 简述管道工程测量的任务及内容。

2. 结合自身体会，试述管道工程的特点。

3. 试述管道中线测量的主要任务。

12.2 管道纵、横断面测量

一、名词解释

1. 基平测量：

2. 中平测量：

3. 管道横断面图：

二、填空

1. 水准点的类型有两种，分别是_____和_____。
2. 管道纵断面测量中，水准点高程的测量可采用_____
和_____。
3. 绘制管道纵断面图时，一般采用的高程比例尺（纵坐标）是水平距离比例尺（横坐标）
的_____倍。

三、判断

1. 为了方便计算面积和土石方量，横断面图的距离和高程采用相同的比例尺。（　　）
2. 水准点和转点上的读数需读至 mm 位，转点间的中桩点可读至 cm 位。（　　）
3. 依据纵断面的管底埋深、纵坡设计以及横断面上的中线两侧地形起伏，可以计算出
管道施工时的土石方量。（　　）

1. 简述管道纵断面测量的任务和工作内容。

2. 简述管道纵断面图测绘中水准点的布设原则。

3. 简述管道纵断面图的绘制步骤。

4. 如何绘制管道横断面图？

12.3　管道施工测量

一、名词解释

1. 管道施工测量：

2. 顶管施工：

3. 槽口放线：

1. 施工标志测设常用的方法有龙门板法和_____两种。
2. 施工控制桩分为_____和_____。
3. _____是一种常用的、在管道施工中既可控制中心线又可控制高程的标志。

1. 在地面坡度较大、管径较小且精度要求较低的情况下，用平行轴线腰桩法控制管道的中线和坡度。 （ ）
2. 中线控制桩一般设在与中线垂直的方向上。 （ ）
3. 坡度板一般应每隔 10～15 m 跨槽埋设一个，遇到检修井等构筑物时应加埋。

（ ）

1. 管道施工测量中的腰桩起什么作用？

2. 为什么要进行管道竣工测量？

3. 简述顶管施工测量的主要工作。

4. 简述明挖管道施工测量的主要工作。

第 13 章

道路桥梁隧道施工测量

13.1 道路施工测量

一、名词解释

定线测量：

二、填空

1. 道路定线测量常用的方法有_____、_____、_____。

2. 绘制纵、横断面图时，纵断面图以_____为横坐标，以_____为纵坐标，其纵、横坐标比例尺通常_____。

3. 横断面图以_____为横坐标，以_____为纵坐标，其纵、横坐标比例尺通常_____。

三、判断

1. 道路中线测量中，整桩与加桩都可称为中线桩。 （　　）

2. 土方量计算就是计算总体挖土方量的总和。 （　　）

3. 若道路中线测定后立即进行施工，可以不设置护桩。 （　　）

四、问答题

1. 简述用解析法进行路基边桩放样的步骤。

2. 简述路基边坡测设的几种方法。

3. 简述路基竣工测量内容。

13.2 桥梁施工测量

1. 桥梁工作线：

2. 偏距：

1. 桥梁按轴线长度可分为_____、_____、_____、_____。
2. 桥梁按照平面形状可分为_____、_____。
3. 桥位平面控制测量一般采用_____、_____的形式进行控制。

1. 桥梁轴线长为 150 m 时，属于中型桥。   （   ）
2. 对于直线桥梁，其桥梁中线与道路中线吻合。   （   ）
3. 大跨度桥梁高程测量与地面上的水准测量的观测步骤是相同的。   （   ）

1. 桥梁平面控制网的布设形式有哪些？

2. 桥梁平面控制网坐标系统应如何选择？如何建立？

3. 简述跨河水准测量的步骤。

13.3　隧道施工测量

一、名词解释

1. 地下工程：

2. 贯通误差：

3. 联系测量：

二、填空

1. 隧道地下导线测量的主要形式是_____。

2. 隧道按长度大小一般可分为_____、_____、_____、_____。

3. 隧道地上平面控制测量常采用的形式为_____、_____、_____、_____。

三、判断

1. 1.2 km 长的隧道可称为长隧道。　　　　　　　　　　　　　　　　　（　　）

2. 在布设地上高程控制点时，洞口附近只能埋设一个水准点。　　　　　（　　）

3. 隧道施工测量，可以只使用地上控制网而无须建立地下控制网。　　　（　　）

四、问答题

1. 简述隧道施工测量的主要内容。

工程测量习题答案

2. 简述地上、地下连接测量的方法。

3. 隧洞净空断面测量的方法有哪些？

河北水利电力学院

测量实训报告

专业班级：＿＿＿＿＿＿＿＿

学　　号：＿＿＿＿＿＿＿＿

小　　组：＿＿＿＿＿＿＿＿

姓　　名：＿＿＿＿＿＿＿＿

指导教师：＿＿＿＿＿＿＿＿

起止时间：＿＿＿＿＿＿＿＿

目　录

一、实训目的与要求

通过实训应达到的目的以及实训过程中应达到的要求等。

二、实训时间与地点

包括实训时间、实训地点。

三、实训内容

实训内容的具体工作过程及技术要求，应分项进行总结，其中要列举必要的示意图和表格，如：

3.1 平面控制测量

......

3.2 水准测量

......

四、实训问题与解决

实训过程中遇见的问题与解决的途径。

五、实训心得体会

通过实训学生所获取的知识、能力与经验教训、心得体会等。

六、对实训的意见与建议

对测量实训的意见与建议。

整个报告要求格式完整，内容全面，各部分阐述清晰明确。

参 考 文 献

[1]曹志勇. 工程测量实训指导书[M]. 北京：中国电力出版社，2010.

[2]郝海森. 工程测量[M]. 北京：中国电力出版社，2010.

[3]曹志勇. 建筑工程测量实训[M]. 武汉：华中科技大学出版社，2014.

[4]刘谊. 测量实验[M]. 北京：测绘出版社，1997.

[5]韩用顺，常玉光. 工程测量实习指导[M]. 长沙：中南大学出版社，2009.

[6]李社生，刘宗波. 建筑工程测量[M]. 大连：大连理工大学出版社，2012.

[7]周建郑，赵年义，王付全，等. 建筑工程测量实训[M]. 北京：化学工业出版社，2012.

[8]李生平，朱爱民. 建筑工程测量[M]. 北京：高等教育出版社，2011.

[9]田文，唐杰军. 工程测量技术[M]. 北京：人民交通出版社，2011.

[10]蓝善勇，王万喜，鲁有柱. 工程测量实训[M]. 北京：中国水利水电出版社，2008.

[11]国家测绘地理信息局职业技能鉴定指导中心. 测绘管理与法律法规[M]. 北京：测绘出版社，2012.

[12]武汉测绘科技大学《测量学》编写组. 测量学[M]. 3版. 北京：测绘出版社，1994.

[13]王侬，过静珺. 现代普通测量学[M]. 北京：清华大学出版社，2001.

[14]何宝喜. 全站仪测量技术[M]. 郑州：黄河水利出版社，2005.

[15]张丕，裴俊华，杨太秀. 建筑工程测量[M]. 北京：人民交通出版社，2008.

[16]周建郑，赵年义，王付全，等. 建筑工程测量[M]. 北京：化学工业出版社，2012.